Nívea Cristina Moreira Santos

Enfermagem em Pronto Atendimento:
Urgência e Emergência

1ª Edição

érica

saraiva EDUCAÇÃO | érica

Av. Dra. Ruth Cardoso, 7221, 1º Andar, Setor B
Pinheiros – São Paulo – SP – CEP: 05425-902

SAC | Dúvidas referente a conteúdo editorial, material de apoio e reclamações:
sac.sets@somoseducacao.com.br

Direção executiva Flávia Alves Bravin
Direção editorial Renata Pascual Müller
Gerência editorial Rita de Cássia S. Puoço
Editora de aquisições Rosana Ap. Alves dos Santos
Editoras Paula Hercy Cardoso Craveiro
Silvia Campos Ferreira
Assistente editorial Rafael Henrique Lima Fulanetti
Produtor editorial Laudemir Marinho dos Santos
Serviços editoriais Juliana Bojczuk Fermino
Kelli Priscila Pinto
Marília Cordeiro

Revisão Know-How Editorial
Diagramação Know-How Editorial
Capa Maurício S. de França
Ilustrações Carlos Alberto de Sousa
Fotografias Lu Capucci
Impressão e acabamento

DADOS INTERNACIONAIS DE CATALOGAÇÃO NA PUBLICAÇÃO (CIP)
(CÂMARA BRASILEIRA DO LIVRO, SP, BRASIL)

Santos, Nívea Cristina Moreira
Enfermagem de pronto atendimento : urgência e emergência / Nívea Cristina Moreira Santos. --
1. ed. -- São Paulo : Érica, 2014.

Bibliografia.
ISBN 978-85-365-0642-5

1. Enfermagem em emergências I. Título.

14-00884 CDD-610.7361
NLM-WY 150

Índices para catálogo sistemático:
1. Emergências : Enfermagem : Ciências médicas 610.7361
2. Enfermagem em emergências : Ciências médicas 610.7361
3. Urgência e emergência para a enfermagem : Ciências médicas 610.7361

1ª edição
7ª tiragem: 2019

CO 13814 CL 640468 CAE 585065

Agradecimentos

A Deus.

À minha família.

Às minhas filhas, Julia e Luiza, por estarem sempre ao meu lado.

Aos meus pais, pelos ensinamentos e pela dedicação.

Este livro possui material digital exclusivo

Para enriquecer a experiência de ensino e aprendizagem por meio de seus livros, a Saraiva

Educação oferece materiais de apoio que proporcionam aos leitores a oportunidade de ampliar seus conhecimentos.

Nesta obra, o leitor que é aluno terá acesso ao gabarito das atividades apresentadas ao longo dos capítulos. Para os professores, preparamos um plano de aulas, que o orientará na aplicação do conteúdo em sala de aula.

Para acessá-lo, siga estes passos:

1) Em seu computador, acesse o link: http://somos.in/EPA7

2) Se você já tem uma conta, entre com seu login e senha. Se ainda não tem, faça seu cadastro.

3) Após o login, clique na capa do livro. Pronto! Agora, aproveite o conteúdo extra e bons estudos!

Qualquer dúvida, entre em contato pelo e-mail suportedigital@saraivaconecta.com.br.

Sobre a autora

Nívea Cristina Moreira Santos formou-se em Enfermagem e Obstetrícia pela Universidade de Taubaté, São Paulo, em 1991. É pós-graduada em Auditoria de Serviços de Saúde pela UNICSUL e também nos cursos de Gestão de Enfermagem e Gestão em Saúde pela UNIFESP - UAB.

Desenvolveu seus trabalhos nas áreas de Clínica Médica, Clínica Cirúrgica, Centro Cirúrgico, Pronto-Socorro e Hospital Dia, sendo responsável pela supervisão geral com implantação de normas e rotinas de serviços de enfermagem, Padronização e Sistematização da Assistência de Enfermagem (SAE) e montagem de Centro Cirúrgico Cardiológico. Desenvolveu trabalhos na área de atendimento domiciliar do município onde reside, sendo responsável pela coordenação do serviço de enfermagem, pela ampliação da área de atendimento e pela implantação de normas e rotinas no serviço como um todo. Tem vivência em Pronto-Socorro Adulto e Infantil, atuando em pré-atendimento e atendimento de emergência, com supervisão geral da equipe de enfermagem em atendimento emergencial, seguindo normas e condutas do ATLS (Advanced Trauma Life Support) e do SAE. Possui experiência em hospital maternidade com implantação de projeto para hospital amigo da criança.

É livre-docente da matéria Primeiros Socorros e Centro Cirúrgico em cursos profissionalizantes para Enfermagem e supervisiona aulas práticas na área.

Atualmente, trabalha com auditoria de enfermagem em contas médicas em plano de saúde com atenção voltada para OPME (Órteses, Próteses e Materiais Especiais) e auditoria de pós-cirúrgico. Sócia-proprietária de empresa em consultoria de saúde.

É autora dos livros *Assistência de Enfermagem Materno-Infantil*, *Clínica Médica para Enfermagem*, *Centro Cirúrgico e os Cuidados de Enfermagem*, *Enfermagem na Prevenção e Controle da Infecção Hospitalar*, *Urgência e Emergência para Enfermagem*, *Home Care - A Enfermagem no Desafio do Atendimento Domiciliar* e coautora do livro *Manuseio e Administração de Medicamentos*, todos publicados pela Editora Iátria.

Sumário

Apresentação

O livro *Enfermagem em Pronto Atendimento: Urgência e Emergência* tem como objetivo principal orientar o estudante na prestação de assistência em situações de urgência e emergência de forma humanizada e com precisão nos diversos tipos de atendimento. Está voltado para o profissional da saúde que atuará diariamente em diferentes profissões que a área abrange.

A obra traz uma abordagem geral de todos os agravos que necessitam de atendimento emergencial, utilizando protocolos nacionais e internacionais de acordo com as últimas diretrizes estabelecidas.

O atendimento pré-hospitalar (APH) está inserido em todos os capítulos, com abordagens sistêmicas. Os conceitos básicos das principais intercorrências foram incluídos nos estudos, bem como as formas de diagnóstico e tratamento.

Isso também acontece nos demais capítulos, que abrangem diversas intercorrências e identificam pontos da Política Nacional de Atenção à Saúde, que preconiza o melhor atendimento considerando aspectos éticos e sociais para o atendimento.

Cada capítulo é reforçado com atividades que variam entre pesquisa e abordagem em sala de aula em dupla/equipe, supervisionada pelo professor, com o objetivo de ampliar os conhecimentos do aluno.

Espero que o conteúdo e a estrutura apresentados atinjam as expectativas do leitor e o estimulem a continuar seus estudos.

A autora

1

Sistema de Atenção às Urgências e Emergências do Sistema Único de Saúde (SUS)

Para começar

Você iniciará os seus estudos conhecendo o Sistema de Atenção às Urgências e Emergências do Sistema Único de Saúde (SUS) por meio da história da rede pública, dos avanços adquiridos nesse tipo de atendimento e da Política Nacional de Atenção às Urgências do SUS.

O objetivo deste capítulo é que conheça e saiba interpretar a Política Nacional de Atenção às Urgências e Emergências da rede pública, o SUS e suas diretrizes, que norteiam os atendimentos no âmbito nacional.

Vamos aos estudos!

1.1 História da saúde no Brasil

Vamos dar início conhecendo um pouco da história do SUS na trajetória da evolução da saúde no Brasil.

O Sistema Único de Saúde, que tem como base a ideia de saúde "como direito de todos e dever do Estado"[1], pode ser entendido a partir da história do Brasil e dos principais eventos que marcaram a construção desse sistema. Foi a partir da promulgação da Constituição Federal, em 1988, que a saúde passou a ser direito de todos e dever do Estado, prevendo a redução do risco de doenças e outros agravos e acesso universal e igualitário às ações e aos serviços para promoção, proteção e recuperação da saúde, que devem ser garantidos por meio da adoção de políticas públicas, sociais e econômicas.

A reforma sanitária, a constituição jurídica do SUS, a constituição, em 2003, da Política Nacional de Atenção à Saúde e a organização da Rede de Atenção às Urgências e Emergências em todo o Brasil constituem a história organizacional do SUS.

A atenção à saúde no Brasil tem como garantia:

» A universalidade: direito de todas as pessoas ao atendimento público de saúde, independentemente de sexo, raça, renda, ocupação ou outras características sociais ou pessoais.

» A equidade: atenção à saúde com recursos e serviços de forma justa, distribuindo mais a quem tem menos, com o intuito de reduzir as desigualdades.

» A integralidade: atendimento ao indivíduo como um todo, tanto de forma preventiva como curativa, individual ou coletiva.

» A participação popular: participação propriamente dita dos usuários dos serviços de saúde por meio dos conselhos de saúde e das conferências de saúde realizadas pelos municípios.

O Sistema Único de Saúde (SUS) foi regulamentado em 19 de setembro de 1990, pela Lei nº 8.080. Essa lei define as diretrizes do SUS para torná-lo um sistema dinâmico de organização para atender à população brasileira nos aspectos de atenção à saúde. A organização da rede de serviços de saúde para atender à população de forma regionalizada e seguindo uma hierarquia aconteceu somente após a implantação do SUS.

O SUS possui os seguintes programas: Saúde da Família; Unidade Básica de Saúde (UBS); hospitais públicos (municipais, estaduais e federais, incluindo os hospitais universitários); fundações e instituições de pesquisa, como o Instituto Butantan e o Instituto Adolfo Lutz; laboratórios e hemocentros; serviço de vigilância sanitária, epidemiológica e ambiental; hospitais privados conveniados pelo SUS; e serviços privados conveniados pelo SUS.

É importante sabermos que, antes da implantação do SUS, a assistência à saúde era destinada apenas aos trabalhadores, tendo início com as caixas de aposentadoria e pensões, regulamentadas pela Lei Eloy Chaves em 1923. Em 1930, Getúlio Vargas reestruturou a Previdência Social, incluindo todas as categorias de trabalhadores e criando o Instituto Nacional de Previdência por categoria profissional, denominado Instituto de Aposentadoria e Pensão (IAP), em que as despesas eram financiadas entre trabalhadores, empresas e governo. Esse sistema de organização perdurou por mais de 30 anos, e somente em 1966 foi promulgado o Decreto-Lei nº 72, que unificou os institutos de aposentadoria e pensões e criou o Instituto Nacional de Previdência Social (INPS). Depois de 11 anos, entrou em vigor a Lei nº 6.439, que estabeleceu o Sistema Nacional de Previdência e Assistência Social (Sinpas) e criou, como autarquia federal, o Instituto Nacional de Assistência Médica da Previdência Social (Inamps), sistema ao qual tinham direito apenas os que contribuíam com a previdência social, ou seja, que possuíam carteira profissional assinada e pagavam a previdência. O Inamps possuía uma rede própria de serviço, incorporada em 1990 ao Ministério da Saúde e que, com a regulamentação do SUS, foi transferida parcialmente às secretarias estaduais de saúde. O Inamps foi extinto em 27 de julho de 1993, pela Lei nº 8.689, e sua totalidade foi incorporada ao Ministério da Saúde, porém a parte correspondente aos recursos financeiros não foi repassada, gerando a crise financeira da saúde.

As atividades de saúde eram desenvolvidas também pelo Ministério da Saúde e pelas secretarias de saúde estaduais e municipais e se resumiam em atividades de promoção e prevenção de doenças por meio da vacinação[1,2].

A evolução da história do sistema de saúde e a atual realidade da saúde estão diretamente relacionadas à evolução político-social e à economia brasileira[1].

Em resumo, o SUS, diferentemente das caixas de aposentadoria e pensão, que deram origem aos IAPs, depois reunidos no INPS e, na sequência, dando início ao Inamps, foi uma conquista não somente dos trabalhadores, mas de todos os cidadãos brasileiros. Foi resultado do movimento da reforma sanitária, que nasceu como forma de oposição técnica e política ao regime militar por diferentes setores da sociedade e movimentos populares, que contribuíram para a realização do Simpósio sobre Política Nacional de Saúde, promovido pela Câmara dos Deputados, no período de 9 a 11 de outubro de 1979[1].

1.2 O Sistema Único de Saúde e o Pacto pela Saúde

Com mais de 20 anos de trabalho do SUS e por meio da consolidação progressiva dos municípios como instâncias de governo, com autonomia para definir as prioridades de saúde a serem atendidas, foram praticadas diferentes formas de planejamento e repasses de recursos financeiros para a execução dos programas e políticas de saúde no âmbito municipal[1,2].

A transferência desses recursos é realizada até hoje, por meio de critérios como[1-4]:

» Perfil demográfico: número de habitantes, local onde as pessoas moram, número de pessoas alfabetizadas, número de crianças e idosos e outros dados que o Estado considere importante.

» Perfil epidemiológico: quais são as doenças mais comuns, as causas de morte mais frequentes, as condições de vida e as necessidades de saúde da região.

» Rede de serviços existente: equipes de Saúde da Família, estabelecimentos de atenção à saúde, serviços de apoio ao diagnóstico e à terapia.

» Ressarcimento dos serviços prestados: internações e procedimentos realizados.

A partir de 1991, por meio da edição das Normas Operacionais Básicas (NOBs), o Ministério da Saúde formalizou a relação e as competências entre municípios, estados e União. Definiu também a constituição dos fóruns de decisão do SUS, como as Comissões de Intergestores Bipartites (CIB) e Tripartites (CIT) e os instrumentos para a fiscalização da movimentação dos recursos repassados aos Fundos Municipais e Estaduais de Saúde, a definição dos orçamentos municipais e a elaboração dos Planos de Saúde e dos Relatórios de Gestão e da Programação Pactuada e Integrada de Saúde. Nesse processo, foram editadas as NOB-SUS nº 01/91, NOB-SUS nº 01/93 e NOB-SUS nº 01/96.

Esse processo envolveu profissionais e conselhos de saúde e a capacitação para a gestão do SUS. Sabemos que o SUS não é um sistema pronto e acabado, mas está em constante superação de suas formas de trabalho, envolvendo um gerenciamento com alto grau de complexidade. Para suprir as necessidades na atenção à saúde que não pudessem ser resolvidas pelas secretarias de saúde dos municípios, o Ministério da Saúde editou, em 2006, o Pacto pela Saúde[1,2,4].

O Pacto pela Saúde é definido pelo Ministério da Saúde como um conjunto de reformas institucionais pactuado entre municípios, estados e a União para realizar a gestão do Sistema Único de Saúde. Tem como objetivo promover novas formas de gestão do SUS, por meio da adesão ao Termo de Compromisso de Gestão (TCG), que é renovado anualmente e estabelece metas e compromissos para cada município, para os estados e para o Governo Federal[1].

O Pacto pela Saúde é composto por três dimensões diferentes. Veja na Tabela 1.1 as características de cada dimensão.

Tabela 1.1 - Dimensões do Pacto pela Saúde

Pacto pela Vida	Estabelece as prioridades e as metas do SUS em nível nacional para biênios - as linhas de prioridades definidas legalmente como atenção à saúde do idoso, controle do câncer de colo de útero e de mama, redução da mortalidade infantil e materna, fortalecimento da capacidade de resposta às doenças emergentes e endemias (com ênfase em dengue, hanseníase, tuberculose, malária, influenza, hepatite e AIDS), promoção da saúde, fortalecimento da atenção básica, saúde do trabalhador, saúde mental, fortalecimento da capacidade de resposta do sistema de saúde às pessoas com deficiência, atenção integral às pessoas em situação ou risco de violência, saúde do homem[1,5].
Pacto em Defesa do SUS	Visa discutir, nos conselhos municipais e estaduais, as estratégias para implantação das ações de saúde para qualificar e assegurar o SUS como política pública[1,5].
Pacto de Gestão	Define as diretrizes e responsabilidades dos municípios, dos estados e da União no que diz respeito a descentralização, regionalização, financiamento e planejamento do SUS, programação pactuada e integrada (PPI), regulação da atenção e assistência à saúde, participação e controle social e gestão do trabalho em Saúde[1,5].

O financiamento do SUS, realizado por meio de transferências dos recursos, passou a ser dividido em seis grandes blocos: atenção básica; atenção de média e alta complexidade da assistência ambulatorial e hospitalar; vigilância em saúde; assistência farmacêutica; gestão do SUS; e investimentos em saúde.

O Pacto pela Saúde também contribuiu para alavancar o processo de regionalização na definição e implantação das regiões de saúde[1,5].

As regiões de saúde foram definidas como "espaços territoriais nos quais são desenvolvidas as ações de atenção à saúde, objetivando alcançar maior resolutividade e qualidade nos resultados, assim como maior capacidade de cogestão regional[1]. A política de regionalização prevê a formação dos Colegiados de Gestão Regionais (os CGRs), que têm a responsabilidade de organizar a rede de ações e serviços de atenção à saúde das populações locais"[5].

Com a assinatura do Termo de Compromisso de Gestão, distribuíram as responsabilidades da seguinte forma: aos municípios, coube a responsabilidade pela totalidade de ações envolvidas na atenção básica; às regiões de saúde, a definição das redes de atenção e o desenvolvimento de ações para assistência de média e alta complexidade ambulatorial e hospitalar; ao Estado, a realização das ações de atenção de alta complexidade que não pudessem ser cobertas pela região de saúde[1,5].

O atendimento de urgência e emergência também é coordenado por uma unidade chamada de Regulação - responsável pela organização do atendimento pré-hospitalar (APH) e pelo fluxo de acesso de atendimento em prontos - socorros e hospitais[1,5].

1.3 Política Nacional de Atenção às Urgências

Do ponto de vista histórico, o pronto atendimento era realizado pelos municípios, porém, em 2003, foi instituída a Política de Atenção às Urgências no âmbito nacional, pela Portaria nº 1.863/GM, que rege a implantação dos serviços de atendimento móvel de urgências nos municípios, ainda que alguns municípios já tivessem seus próprios serviços de urgência e emergência estruturados tenham se visto na obrigação de se adaptar às novas regras. Em 2008, a Portaria nº 2.975/GM orientou a continuidade do Programa de Qualificação da Atenção Hospitalar de Urgência e Emergência na rede SUS[1].

Diante das novas tratativas, os atendimentos de urgência e emergência passaram a ter como base quatro estratégias interligadas[1] para alavancar o atendimento: organização de redes; humanização no atendimento aos pacientes; qualificação e educação permanente dos profissionais; e implantação e operação da central de regulação médica de urgência.

A Política Nacional de Atenção às Urgências tem sua organização orientada pelas portarias do Ministério da Saúde e pela legislação do SUS. Nota-se que, apesar dos inegáveis avanços do SUS em mais de duas décadas de existência, a atenção às urgências destaca-se pela insuficiente efetivação das diretrizes relativas a descentralização, regionalização e financiamento. Desse modo, o perfil assistencial traz marcas de atendimento ainda ineficazes à população e tensão constante aos trabalhadores e gestores desses serviços, diante das dificuldades em proporcionar acesso universal e equitativo e assegurar os direitos de cidadania[1]. Outro argumento lançado pelo SUS é que a população procura pelo serviço de urgência e emergência sem que este esteja adequadamente "encaixado" na predefinição de urgência e emergência, resultando em prontos-socorros "lotados" de pacientes com problemas que poderiam ser resolvidos nas unidades básicas de saúde, comprometendo, assim, o serviço de atendimento de alta complexidade ou gravidade.

São componentes da rede de assistência às urgências[1,5]:

» Pré-hospitalar fixo: Unidades Básicas de Saúde (UBS), Estratégia de Saúde da Família (ESF), ambulatórios especializados, Unidade de Pronto Atendimento (UPA), serviços de apoio, diagnóstico e tratamento.

- Pré-hospitalar móvel: rede SAMU 192, sistema de resgate e ambulâncias da iniciativa privada, entre outros.
- Rede hospitalar: média e alta complexidade.
- Pós-hospitalar: reabilitação e serviço de atenção domiciliar.

Em resumo, viabilizar a distribuição de assistência à saúde de forma hierarquizada, regionalizada e descentralizada requer medidas de ação e pacto regionais, municipais e estaduais, estabelecendo-se protocolos de atendimento e um sistema de regulação médica de urgências para operacionalizar ações previamente instituídas[1].

Fique de olho!

Primeiros socorros é o atendimento prestado a vítimas, inclusive por leigos, para manter a vida e evitar o agravamento de suas condições até que recebam a assistência especializada.

Atendimento pré-hospitalar (APH) é aquele prestado por profissionais da área da saúde, treinados e capacitados para prestar os cuidados iniciais ao paciente, de forma organizada e sistematizada, seguidos do transporte até o serviço de saúde que proporcionará o tratamento definitivo.

O resgate consiste na retirada do indivíduo de um local, por vezes de difícil acesso, de onde não possa sair sozinho em segurança. Pode ser necessário o uso de materiais e equipamentos especiais para efetuar a retirada da vítima, além de treinamento específico para realizar esses procedimentos.

1.4 Humanização no atendimento

A Política Nacional de Humanização (PNH) foi criada para toda a rede SUS buscando a qualidade do atendimento.

Segundo o Ministério da Saúde, alguns aspectos da humanização foram relevantes, entre os quais destacamos:

- valorização dos diferentes sujeitos implicados no processo de produção de saúde - usuários, trabalhadores e gestores;
- aumento do grau de corresponsabilidade na produção de saúde e de sujeitos;
- estabelecimento de vínculos solidários e de participação coletiva no processo de gestão;
- identificação das necessidades sociais de saúde;
- mudança nos modelos de atenção e gestão dos processos de trabalho, tendo como foco as necessidades dos cidadãos e a produção de saúde; compromisso com a ambiência, melhoria das condições de trabalho e de atendimento.

Nos serviços pré-hospitalares e hospitalares de urgência, as diretrizes para a implantação da PNH apontam para[1,3]:

- organização do atendimento com acolhimento: não se refere a espaço ou local, mas a uma postura ética de abrigar e dar resolutividade ao caso[5];

» classificação de risco: permite identificar os pacientes que necessitam de tratamento imediato, de acordo com o potencial de risco, os agravos à saúde ou o grau de sofrimento;

» acesso referenciado aos demais níveis de assistência[1,5];

» implantação de protocolos clínicos para eliminar intervenções desnecessárias, respeitando-se a individualidade do sujeito[1,3].

Vamos recapitular?

Neste capítulo, você:

» conheceu a história da saúde do SUS no Brasil e como se deu a evolução do atendimento destinado às urgências e emergências;

» verificou que, ao conhecer a respeito do Pacto pela Saúde e do atendimento humanizado em emergências, é possível afirmar que a saúde pública está em constante evolução.

Agora é com você!

1) O Pacto pela Saúde estabelece prioridades e metas para determinado biênio. Consulte, no seu município, quando foi traçado o último biênio e quais foram essas prioridades. Apresente esses dados em forma de seminário aos colegas de sala.

2) Pesquise sobre as portarias do Ministério da Saúde relacionadas à atenção às urgências e emergências e construa uma linha do tempo identificando os principais fatos que contribuíram para o funcionamento do sistema.

3) Pesquise em sua região a organização do atendimento às urgências, bem como sua estrutura, considerando todos os pontos vistos no capítulo e apresente esses dados para seus colegas e seu professor.

4) Quais as garantias de atenção à saúde no Brasil?

5) Quais programas fazem parte da rede SUS?

6) Quais as dimensões que abrangem o Pacto pela Saúde e o que cada dimensão assegura ao usuário SUS?

1.5 Referências bibliográficas

1. FORTES, J. I. *et al. Curso de especialização profissional de nível técnico em enfermagem.* Livro do aluno: urgência e emergência. São Paulo: Fundap, 2010.

2. MINISTÉRIO DA SAÚDE. *Política Nacional de Atenção às Urgências.* Série E - Legislação de Saúde. 3. ed. ampliada. Brasília: Editora do Ministério da Saúde, 2006.

3. MINISTÉRIO DA SAÚDE. *Manual Instrutivo da Rede de Atenção às Urgências e Emergências no Sistema Único de Saúde (SUS).* Brasília: Editora do Ministério da Saúde, 2013.

4. BRAGA, J. C. S.; PAULA, S. G. de. *Saúde e previdência* - Estudos de política social. São Paulo: Cebes/Hucitec, 1987.

5. MINISTÉRIO DA SAÚDE; SECRETARIA DE ATENÇÃO À SAÚDE. Política Nacional de Humanização da Atenção e Gestão do SUS. *Acolhimento e classificação de risco nos serviços de urgência.* Brasília, 2009.

2

Estrutura e Organização do Serviço

Para começar

Neste capítulo, você poderá conhecer a estrutura do serviço do Sistema Único de Saúde para a prestação de atendimento ao cliente em atenção às urgências e emergências.

Além disso, aprenderá sobre a estrutura existente no serviço de atendimento, tanto fixa como móvel, os tipos de hospitais existentes e a segurança dos profissionais envolvidos em todo o processo.

O objetivo deste capítulo é que você saiba diferenciar as estruturas e situações dentro das competências que envolvem a sua profissão e o serviço de urgência e emergência.

Vamos aos estudos!

2.1 Conceitos básicos

Quando existe uma situação que coloca em risco a saúde do indivíduo, este deve ser acolhido de imediato no serviço da rede pública mais próximo, seja em uma Unidade de Saúde da Família, em um pronto atendimento ou em um pronto-socorro. Se o caso for de alta complexidade, as centrais de regulação têm a responsabilidade de identificar, entre os recursos disponíveis no território de abrangência, aquele que possa dar melhor resposta à demanda e redirecionar o atendimento[1].

Compete, portanto, ao poder público ordenar o atendimento às urgências e emergências, possibilitando acolhimento, atenção qualificada e resolutiva para pacientes com qualquer nível de gravidade.

Fazem parte dessa estrutura:

- componente pré-hospitalar fixo;
- componente pré-hospitalar móvel;
- equipes de suporte móvel;
- atendimento hospitalar.

Veja, na sequência, as características de cada grupo.

2.2 Componente pré-hospitalar fixo

Conforme a Portaria GM/MS nº 2.048, que estabelece o acolhimento de clientes com quadros agudos em unidades de saúde de baixa complexidade, entre os estabelecimentos da atenção primária, denominados pré-hospitalares fixos, podemos citar[1,2]: Unidade Básica de Saúde; Unidade de Saúde da Família; ambulatório de especialidades; e serviço de apoio diagnóstico.

É indispensável que todos os membros da equipe técnica e administrativa, especialmente a de enfermagem, conheçam a sala para o atendimento de urgência. É atribuição da equipe de enfermagem organizar os materiais médico-hospitalares e mantê-los em local identificado e de fácil acesso. Esses recursos próprios e organizados permitem o atendimento e a estabilização do cliente até que seja transferido, de forma adequada, para uma unidade de maior complexidade.

Os profissionais médicos, enfermeiros, técnicos e auxiliares de enfermagem que atuam na área de pré-hospitalar fixo são capacitados para estabilizar e encaminhar adequadamente o cliente.

É imprescindível a criação de protocolos e rotinas com aplicação adequada para auxiliar na eficácia do atendimento.

Serviços de média complexidade ou intermediária, estruturados para acolher pacientes com quadros agudos ou crônicos agudizados, podem funcionar até 24 horas, à noite e nos finais de semana, diminuindo a sobrecarga dos hospitais de maior complexidade.

Em alguns municípios, encontramos as Unidades de Pronto Atendimento (UPA), o Pronto Atendimento (PA) e a Assistência Médica Ambulatorial (AMA). Esses recursos foram implantados com base nos dados epidemiológicos de cada região. Seu quadro de profissionais é composto por equipe médica, clínico geral e pediatra, podendo ser ampliado com ortopedistas e cirurgiões, equipe de enfermagem, equipe de apoios diagnósticos (p. ex.: laboratório e serviço de radiologia), assim como profissionais da área administrativa.

São disponibilizados medicamentos, leitos de observação de 6 a 24 horas em algumas unidades e ambulância para o transporte.

A estrutura física e a organização de fluxos devem funcionar de forma integrada, contribuindo para uma melhor dinâmica do trabalho. Para esses estabelecimentos, são necessários recursos como monitor cardíaco com desfibrilador, marca-passo externo, bomba de infusão, respirador, sistema de gases (oxigênio e ar comprimido) e outros que veremos na sequência dos nossos estudos. Também são necessários medicamentos como antibióticos injetáveis, drogas vasoativas e psicotrópicas soluções de infusão rápida (p. ex.: soro fisiológico), variando de acordo com a condição clínica dos pacientes acolhidos.

A retaguarda hospitalar deve ser assegurada por meio de atuações prévias entre gestores para garantir o acesso a hospitais de alta complexidade.

2.3 Componente pré-hospitalar móvel

Estruturado e organizado para prestação de serviços de saúde à pessoa que necessita de socorro em locais como domicílios, vias públicas, estabelecimentos comerciais, entre outros[1].

Ao pedir ajuda por meio da central de regulação (192 - SAMU, em alguns municípios, e pronto-socorro, em outros, ou 193 - Corpo de Bombeiros), o socorrista recebe orientações do profissional qualificado regulador (que pode ser um médico), que decide pelo envio de ambulância de suporte básico ou avançado com equipe habilitada em atendimento a situações de urgência. O médico regulador autoriza o transporte do cliente diante do problema de saúde relatado pela equipe local de Atendimento Pré-Hospitalar (APH), por meio de comunicação por telefone ou rádio. Quando houver situações não caracterizadas como risco iminente de vida, cabe ao médico regulador dar orientações sobre outras medidas a serem efetuadas pelo solicitante[1-3].

As equipes de saúde do APH são compostas por médico, enfermeiro e técnico e/ou auxiliar de enfermagem, que recebem habilitação específica para essa atividade. É necessário que esses profissionais conheçam suas atribuições, normas e rotinas operacionais, bem como desenvolvam seu trabalho com base em protocolos de atendimento. A educação permanente deles é primordial para assegurar a qualidade na prestação da assistência. Outros profissionais, como telefonista, rádio-operador e condutor de ambulância ou de veículos aquáticos e aéreos também fazem parte da equipe de APH[1].

As equipes estão capacitadas para tripular veículos terrestres, aquáticos ou aéreos que se destinem ao transporte de enfermos (Figura 2.1), atendendo à classificação da Portaria nº 2.048/GM. No APH, os encaminhamentos para os serviços hospitalares são designados pelo sistema regulador. Esses profissionais são habilitados por meio de cursos de Resgate e Emergências Médicas (REM), participando de capacitações periódicas para o bom desempenho de sua função[1,2].

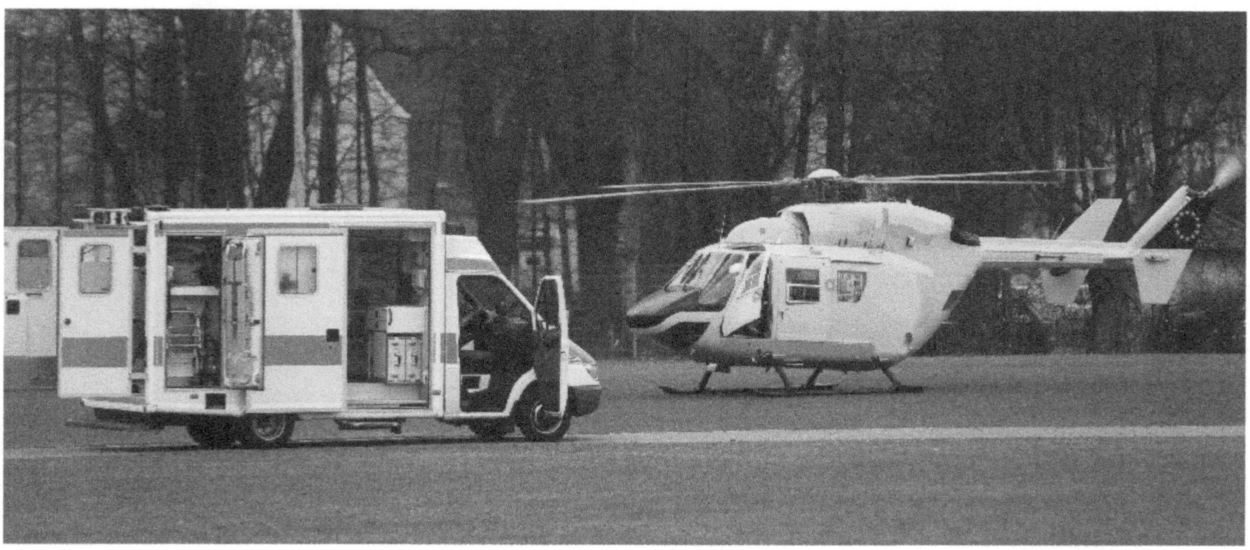

Figura 2.1 - Unidades de atendimento móvel e aérea.

2.4 Equipes de suporte móvel

As equipes são divididas em: equipe de Suporte Básico de Vida (SBV) e equipe de Suporte Avançado de Vida (SAV).

Cada veículo é equipado com materiais e equipamentos específicos, com profissionais com diferentes atribuições que compõem as equipes, segundo o tipo de atendimento que estão destinados a prestar..

Os veículos do SAV são equipados com materiais médico-hospitalares, equipamentos e medicamentos, permitindo a estabilização do cliente e seu transporte para o hospital. Profissionais da área de segurança, como policiais rodoviários e bombeiros, identificam situações de risco e realizam manobras de salvamento, resgate e, quando necessário, o SBV.

Para a segurança dos profissionais e do paciente, é necessário que todos os princípios de biossegurança sejam aplicados. É importante promover a limpeza terminal ou concorrente do interior da ambulância e a desinfecção adequada de materiais e equipamentos.

Os profissionais responsáveis pelo atendimento são auxiliar ou técnico de enfermagem, condutor de veículo, enfermeiro, médico e condutor de veículo bombeiro militar - a ele é facultado realizar o atendimento pré-hospitalar conforme protocolos institucionais.

As atribuições das equipes também são divididas:

» atendimento de baixa complexidade: não realiza procedimentos invasivos, atende em casos de vítimas de menor gravidade;

» atendimento de alta complexidade: pode realizar procedimentos invasivos, atende em casos de vítimas graves.

2.5 Atendimento hospitalar

As unidades de emergência hospitalares ou prontos-socorros oferecem atendimento imediato e ininterrupto aos pacientes adultos ou crianças em estado crítico ou potencialmente crítico[1,2]. Toda infraestrutura referente a recursos materiais, equipamentos e medicamentos deve estar de acordo com as normas e com o serviço de emergência.

O atendimento hospitalar é definido por grau de complexidade - tipo I, II e III[1]. Veja na Tabela 2.1 as características dos hospitais.

Tabela 2.1 - Tipos de atendimento hospitalar

Tipo I	Hospitais especializados	Contam com recursos tecnológicos e humanos adequados para atendimento de urgência de natureza clínica e cirúrgica, nas áreas de pediatria, traumato-ortopedia ou cardiologia.
Tipo II	Hospitais gerais	Dispõem de unidade de emergência e recursos tecnológicos e humanos adequados para o atendimento geral de urgência clínica e cirúrgica.
Tipo III	Hospital geral	Conta com recursos tecnológicos e humanos adequados para atendimento de urgências clínicas, cirúrgicas e traumáticas. Nesse tipo, podem ser desempenhadas ações de capacitação, aprimoramento e atualização para todos os profissionais envolvidos no atendimento de urgência, em hospitais universitários ou de ensino.

Com essa divisão, os hospitais que recebem clientes de maior complexidade oferecem recursos humanos, materiais e tecnológicos compatíveis com a necessidade de cada caso. A estrutura física adequada é normatizada pela Resolução de Diretoria Colegiada (RDC), da Agência Nacional de Vigilância Sanitária (Anvisa).

A Portaria RDC nº 307, de 14 de novembro de 2002, estabelece normas técnicas para elaboração de projetos de estrutura física e arquitetônica, símbolos gráficos, desenho técnico e toda organização física para estabelecimentos assistenciais de saúde. De acordo com a Anvisa, há a necessidade de área física ampla, com número mínimo e suficiente de salas e quartos ou boxes com divisórias para acomodar os pacientes com conforto e privacidade[2,3].

Quanto às dependências da área hospitalar, são projetadas conforme as normas estabelecidas pela legislação, considerando-se o fluxo de pessoas que circulam no local. Essa área deve ter revestimento lavável, em cor clara e com cantos arredondados, e dispor de boa iluminação e ventilação; as considerações de segurança e conforto incluem um ambiente tranquilo, com a minimização de ruídos e agentes estressores[3,5].

A unidade de emergência é caracterizada pelo fluxo intenso de pessoas em área, em razão da rotatividade dos pacientes que procuram o serviço em virtude da gravidade das condições em que se encontram, motivadas por trauma, afecções não traumáticas, alterações de comportamento, entre outros. A variedade dos agravos apresentados por esses pacientes justifica a diversidade de profissionais que atuam nessa unidade, formando equipe multidisciplinar composta por profissionais de enfermagem, assistente social, fisioterapeuta, médicos de diferentes especialidades, entre outros, bem como a avançada tecnologia presente com equipamentos de alta precisão. Essa complexidade exige a capacitação permanente dos profissionais que nela atuam[1].

Na estrutura organizacional do serviço, conta-se com um responsável técnico (RT) de cada categoria profissional, que atuará na promoção das capacitações em parceria com o serviço de educação hospitalar[1].

A qualidade da assistência prestada por profissionais que atuam nos serviços de urgência está diretamente relacionada à capacitação técnica da equipe de emergência e à organização do serviço na instituição, as quais, por sua vez, estão voltadas às competências do RT e à qualidade de seu trabalho frente a sua equipe[1,5]. Protocolos institucionais devem ser criados e atualizados a cada 4 anos e sempre que necessário.

Vamos recapitular?

Neste capítulo, você conheceu toda a estrutura organizacional do sistema de atenção às urgências e emergências do SUS, seus componentes hospitalares e o atendimento hospitalar.

Agora é com você!

1) Faça uma pesquisa sobre os componentes pré-hospitalares fixo e móvel, apontando suas características principais.

2) Pesquise sobre os aspectos relevantes da humanização e apresente um resumo com seus pontos principais.

3) Discuta com seus colegas de sala os tipos de grau de complexidade dos hospitais e defina em qual situação seu município se encontra.

4) A quem compete ordenar o atendimento às urgências e emergências?

5) Como é composta a equipe de APH?

6) Como estão divididas as atribuições das equipes de APH?

2.6 Referências bibliográficas

1. FORTES, J. I.,*et al. Curso de especialização profissional de nível técnico em enfermagem.* Livro do aluno: urgência e emergência. São Paulo: Fundap, 2010.

2. MINISTÉRIO DA SAÚDE. *Política Nacional de Atenção às Urgências.* Série E - Legislação de Saúde. 3. ed. ampliada. Brasília: Editora do Ministério da Saúde, 2006.

3. MINISTÉRIO DA SAÚDE. *Manual Instrutivo da Rede de Atenção às Urgências e Emergências no Sistema Único de Saúde (SUS).* Brasília: Editora do Ministério da Saúde, 2013.

4. CHAPLEAU, W. *Manual de emergência:* um guia para primeiros socorros. Rio de Janeiro: Elsevier, 2008.

5. FORTES, J. I. *et al. Curso de especialização profissional de nível técnico em enfermagem.* Módulo de habilitação: guia curricular. Área III - participando da gestão em saúde. São Paulo: Fundap, 2009.

3 Atendimento Pré-Hospitalar (APH)

Para começar

Neste capítulo, você conhecerá a trajetória inicial que envolve o Atendimento Pré-Hospitalar (APH), destacando-se a importância do conhecimento técnico para socorrer a vítima e a complexidade relativa a esse tipo de atendimento.

O objetivo deste capítulo é que você entenda e reconheça a sistemática do APH.

Vamos aos estudos!

3.1 Conceitos básicos

Atendimento Pré-Hospitalar (APH) é o atendimento emergencial em ambiente extra-hospitalar, ou seja, fora do ambiente hospitalar, às vítimas de traumas por acidentes de trânsito, industriais, aéreos ou outros, violência nas cidades (p. ex.: ferimentos por arma de fogo - FAF - ou por arma branca - FAB), mal súbito (cardiológico, neurológico e outros) ou distúrbios psiquiátricos, objetivando sua estabilização clínica no local do acidente e, em seguida, sua remoção para uma unidade hospitalar compatível, adequada ao quadro apresentado pela vítima.

Uma vez estruturado, atende aos preceitos básicos de salvar vidas, entre eles: melhor resposta às necessidades do paciente crítico e melhor resposta à demanda encontrada no local.

O APH é realizado por profissionais especialmente treinados, como técnicos de enfermagem, enfermeiros, médicos e militares do Corpo de Bombeiros, que estão subdivididos em equipes de salvamento, de Suporte Básico de Vida (SBV) e de Suporte Avançado (SAV). Observe as características básicas de cada grupo na Tabela 3.1.

Tabela 3.1 - Características das equipes que formam o atendimento pré-hospitalar

Equipe de salvamento	As manobras que realiza visam retirar as vítimas de uma situação hostil, como incêndio, ferragens, ambiente confinado, altura e outras. Sua característica principal é retirar a vítima para uma área adequada, possibilitando o trabalho da equipe, o Suporte Básico de Vida (SBV).
Equipe de SBV	Sua característica principal é atender a vítima sem interferência de procedimentos médicos invasivos.
Equipe de SAV	Sua função principal é atender a vítima, qualquer que seja seu prognóstico. No Brasil, as manobras de SAV só podem ser realizadas por médicos e enfermeiros qualificados para isso.

Existem diversos protocolos e modelos de APH, destacando-se o protocolo norte-americano e o francês. No norte-americano, aplica-se o conceito de chegar à vítima no menor tempo possível, realizar manobras essenciais para estabilizá-la e removê-la o mais rápido possível a um hospital adequado - princípio conhecido como hora de ouro. No protocolo francês, adota-se o princípio de ofertar o atendimento médico no local até a estabilização da vítima, conhecido como *stay and play*. Qualquer que seja o título dado ao atendimento, sua principal característica é praticar os primeiros socorros ou o resgate às vítimas.

3.2 O trauma e todo o seu envolvimento

Entendemos por trauma qualquer lesão caracterizada por uma alteração estrutural fisiológica resultante da ação de um agente externo, que causa a exposição a determinadas energias, como mecânicas, térmicas ou elétricas.

As mortes por traumas têm destaque na morbidade brasileira, ocupando a segunda posição geral no ranking de morbidade entre os vários países, perdendo apenas para doenças cardiovasculares e neoplasias, ainda que possam ser a maior causa de morte dos indivíduos entre 30 e 40 anos.

Cada vítima tem características e lesões próprias, todavia há métodos similares de traumatismos, o que possibilita ao médico socorrista um rápido diagnóstico por meio de métodos visuais e usuais. Entendendo o mecanismo do trauma e mantendo um grau de suspeita em relação aos traumatizados, o socorrista tem aptidão para diagnosticar ferimentos ocultos e investigar todo tipo de ferimento, seja leve ou não. De nada adianta ao socorrista identificar a lesão ou o trauma se não souber qual será o próximo procedimento, por isso a necessidade de se ter pessoal qualificado para tais situações, como se vê na Figura 3.1.

Corepics VOF/Shutterstock.com

Figura 3.1 - Atendimento inicial a trauma.

Chegando ao local do acidente, o socorrista pode informar ao médico intervencionista dados de extrema importância para a continuidade do trabalho da equipe.

Geralmente, acidentes de carro são os mais violentos, pois podem provocar qualquer tipo de lesão, interna ou externa, causando um impacto grande no primeiro instante. Toda a equipe deve estar bem estruturada para o atendimento, seja emocional ou material.

3.3 Atendimento inicial

O objetivo principal do APH é identificar rapidamente as situações em que se envolvem as vítimas. Deve ser rápido, organizado e eficiente, de forma que permita tomada de decisões quanto ao atendimento e à remoção das vítimas.

Divide-se em quatro etapas sequenciais:

- 1ª etapa: controle da cena;
- 2ª etapa: abordagem primária;
- 3ª etapa: abordagem secundária;
- 4ª etapa: sinais vitais e escala de coma.

Veja a seguir as características de cada etapa.

1ª etapa - Controle da cena

- Segurança do local: a equipe de socorro deve garantir sua própria condição de segurança, bem como a das vítimas e demais presentes. De nenhuma forma um membro da equipe deve se expor a um risco, com chance de se transformar em mais uma vítima, o que levaria a deslocar ou dividir recursos de salvamento disponíveis para aquela ocorrência.
- Mecanismo de trauma: enquanto se aproxima da cena do acidente, o socorrista examina o mecanismo de trauma, observando e colhendo informações pertinentes.

2ª etapa - Abordagem primária

Visa à identificação e ao manejo das situações de ameaça à vida. A abordagem inicial é realizada sem mobilizar a vítima de sua posição inicial, salvo em situações especiais que possam comprometer a segurança ou agravar o quadro da vítima. Somente se justifica mobilizar a vítima de sua posição inicial nesta etapa quando a situação de risco não possa ser afastada (p. ex.: risco de choque elétrico). Havendo mais de uma vítima, o atendimento deve ser priorizado conforme o risco, ou seja, primeiro as que apresentem risco de morte, em seguida, as que apresentem risco de perda de membros e, por último, todas as demais. Essa recomendação não se aplica no caso de acidente com múltiplas vítimas, em que os recursos para o atendimento são insuficientes em relação ao número de vítimas, portanto o objetivo é identificar aquelas com maiores chances de sobrevida. A abordagem primária é realizada em duas fases: abordagem primária rápida e abordagem primária completa.

- Abordagem primária rápida: avaliação sucinta da respiração, da circulação e do nível de consciência. Deve ser completada em no máximo 30 segundos e tem por finalidade a rápida identificação de condições de risco de vida, o início precoce do SBV e o desencadeamento de recursos de apoio, como médico no local e condições para o transporte.

- Abordagem primária completa: observa-se uma sequência fixa de características, estabelecida cientificamente pela American Heart Association (AHA). Para facilitar sua memorização, convencionou-se o "ABCD do trauma" para designar essa sequência de passos, utilizando as primeiras letras das palavras (do inglês) que definem cada um dos passos. Porém, essa sequência foi alterada, de acordo com as últimas diretrizes da AHA-2010 para: RCP (ressuscitação cardiopulmonar) e ACE (atendimento cardiovascular de emergência), ou seja, foi modificada de ABC (vias aéreas, respiração e compressões torácicas) para CAB (compressões torácicas, vias aéreas e respiração), em adultos, crianças e bebês, excluindo os recém-nascidos.

Veja o Quadro 3.1 apresentado a seguir.

Quadro 3.1 - ABCD do trauma

1º passo	Passo C	*Circulation*	Circulação com controle de hemorragia
2º passo	Passo A	*Airway*	Vias aéreas com controle cervical
3º passo	Passo B	*Breathing*	Respiração existente e sua qualidade
4º passo	Passo D	*Disability*	Estado neurológico
5º passo	Passo E	*Exposure*	Exposição da vítima para abordagem secundária

Durante toda a abordagem da vítima, o controle cervical deve ser mantido. Aquele que realiza o atendimento deve suspeitar de lesão de coluna cervical em toda vítima de trauma.

3ª etapa - Abordagem secundária

- A vítima deve ser exposta para a busca por lesões. No APH, as roupas das vítimas só serão removidas para expor lesões sugeridas por suas queixas ou reveladas por exame segmentar pelo médico ou enfermeiro responsável. O pudor em ambiente público deve ser respeitado, ao contrário do hospital, onde se deve despir completamente a vítima antes de iniciar a abordagem secundária.
- Só iniciar a abordagem secundária após ter sido completada a abordagem primária.
- Examinar todos os segmentos do corpo, sempre na mesma ordem - crânio, face, pescoço, tórax, abdome, quadril, membros inferiores, membros superiores e dorso. Iniciar pela inspeção (cor da pele, sudorese, simetria, alinhamento, deformidade e ferimento), depois, fazer a palpação (deformidade, crepitação, rigidez, flacidez, temperatura e sudorese) e, por último, a ausculta (tórax). Durante todo o exame segmentar, é preciso manter-se atento a sinais de dor ou a modificações das condições constatadas na abordagem primária da vítima.
- Retirar corpos estranhos, como lentes de contato e próteses dentárias móveis.
- Após completar totalmente o exame segmentar, fazer os curativos, imobilizações e outros procedimentos necessários à estabilização da vítima.
- Durante a abordagem secundária, o socorrista deve reavaliar o ABCD quantas vezes forem necessárias, principalmente em vítimas inconscientes.

» Após a abordagem secundária, é preciso verificar os dados vitais, para a próxima etapa.

4ª etapa - Sinais vitais e escala de coma

» Avaliar pulso, pressão arterial e temperatura.

» Avaliar e identificar a escala de Glasgow nas vítimas, que são avaliadas na abertura dos olhos (AO), na melhor resposta motora (MRM) e na melhor resposta verbal (MRV). Para cada item avaliado, é dada uma nota, que, somada às demais, dará o nível de consciência da vítima no momento da avaliação. O Capítulo 6 descreve a escala de Glasgow e suas características.

3.4 Escala de trauma

Aquela que avalia e leva em consideração o estado geral da vítima após todas as etapas de atendimento. Nesse sentido, são verificadas a frequência respiratória, a pressão sistólica e a escala de coma. Cada item recebe uma nota, uma pontuação de 0 a 4, e a soma pode variar de 0 a 12. Veja, na Tabela 3.2, como funciona a escala de trauma.

Tabela 3.2 - Escala de trauma - avalia o estado geral da vítima após as etapas de atendimento

Pontuação	Frequência respiratória	Pressão sistólica	Escala de coma
04	10 a 29	> 89	13 a 15
03	> 29	76 a 89	09 a 12
02	06 a 09	50 a 75	06 a 08
01	01 a 05	01 a 49	04 a 05
0	0	0	03

Interpretação do resultado: trauma grave: 0 a 06; trauma moderado: 07 a 10; trauma mínimo: 11 a 12.

Sempre que, na avaliação da escala de trauma, for obtido resultado menor que 9, torna-se necessário o acionamento de apoio médico no local da ocorrência.

3.5 Recursos utilizados no atendimento pré-hospitalar (APH)

Veremos a seguir os equipamentos e recursos utilizados para o APH.

3.5.1 Recurso material

» Ambulância equipada para atender todo e qualquer tipo de ocorrência.

» Equipamentos de primeiros socorros.

Classificação dos equipamentos e materiais

» Equipamentos de comunicação móvel e portátil: são os rádios de comunicação das viaturas (Figura 3.2), que se destacam no Corpo de Bombeiros e em viaturas da polícia, assim como nas ambulâncias.

» Equipamentos para segurança no local do acidente: existem dois tipos: os equipamentos de proteção individual de cada socorrista, que têm a finalidade de evitar a transmissão de doenças e proteger a equipe de atendimento (p. ex.: luvas descartáveis, óculos de proteção, máscaras e até mesmo capacetes e roupas próprias, dependendo do tipo de acidente); e os equipamentos que garantem a segurança da equipe e dos envolvidos, como cones de sinalização, lanternas e fitas para isolar a área do acidente (Figura 3.3).

Figura 3.2 - Os rádios portáteis são os meios de comunicação mais rápidos e eficazes nesses tipos de atendimento.

Figura 3.3 - Sinalizadores - equipamentos para garantir a segurança da equipe e do local do acidente.

» Equipamentos de reanimação e administração de oxigênio: destinados a garantir a permeabilidade das vias aéreas superiores. São as cânulas de Guedel ou orofaríngeas e o ventilador manual (Ambu) - composto de bolsa, válvula e máscara, garantindo uma concentração maior de oxigênio (Figura 3.4), bem como os torpedos de oxigênio portáteis com capacidade de 300 L de oxigênio, equipados com fluxômetro, que permite uma vazão de até 12 L por minuto de oxigênio. Toda unidade móvel de atendimento possui um segundo torpedo de oxigênio, fixo, com capacidade maior de concentração, que possibilita o transporte da vítima até o local desejado. Os equipamentos para aspiração das vias aéreas superiores também devem ser mencionados, pois se destinam a desobstruir a passagem do ar. São chamados de aspiradores e geralmente ficam fixos nas ambulâncias.

» Equipamentos de fixação e imobilização: talas de madeira e de papelão (utilizadas para imobilização de fraturas e luxações), bandagens triangulares e ataduras de crepom, cintos de fixação, talas de tração para fixação de fêmur, colete de imobilização dorsal (conhecido também como Ked), colar cervical, tábua de imobilização da cabeça e da coluna e pranchas (Figuras 3.5 a 3.8).

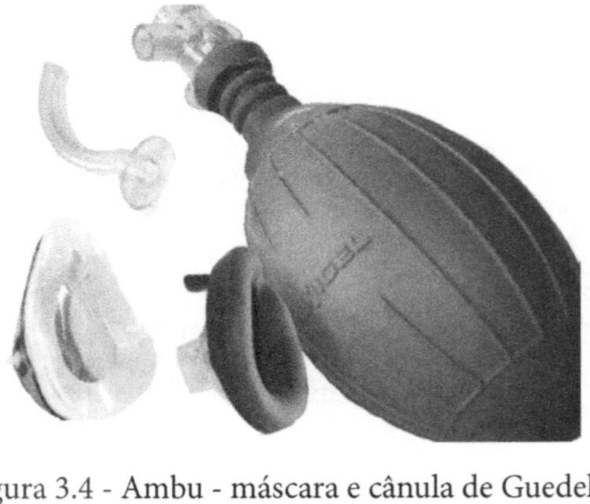

Figura 3.4 - Ambu - máscara e cânula de Guedel.

Figura 3.5 - Prancha e colete - equipamentos para imobilização.

Figura 3.6 - Colete - equipamento para imobilização da coluna.

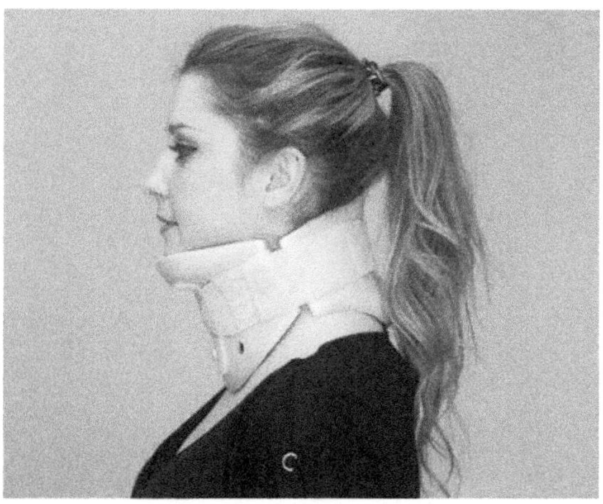

ESLINE/Shutterstock.com

Figura 3.7 - Colar cervical - posicionamento correto.

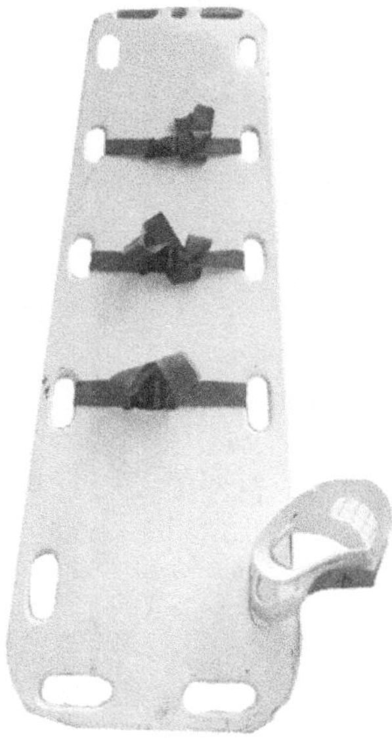

Figura 3.8 - Prancha comum e colar cervical - equipamentos para imobilização e retirada da vítima do local.

» Materiais para curativo: gaze, ataduras de crepom, fita crepe, algodão, soro fisiológico (Figura 3.9).

» Materiais de uso obstétrico: "pacote de parto normal" - material estéril, fechado hermeticamente, contendo campos estéreis, *clamps* para laqueadura umbilical, lençóis e tesouras.

» Materiais para verificar sinais vitais: esfigmomanômetro, estetoscópio, oxímetro de pulso (Figura 3.10).

» Acessórios: maca, cobertor, manta aluminizada e lençóis.

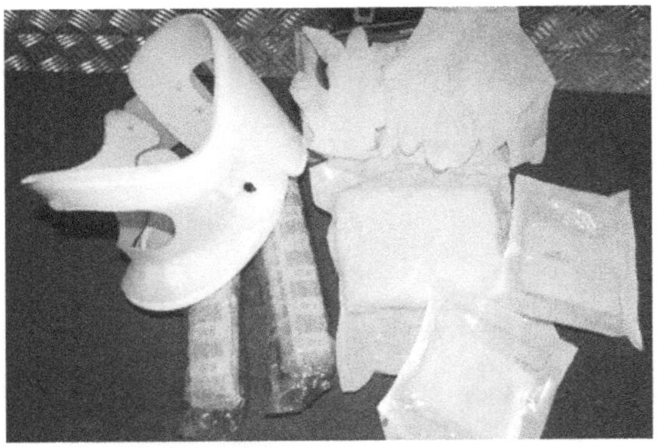

Figura 3.9 - Colar cervical e bandagens - materiais para fixação da coluna cervical e curativos.

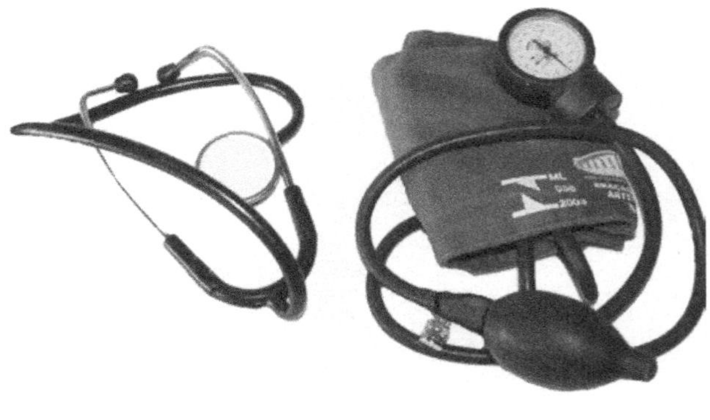

Figura 3.10 - Estetoscópio e esfigmomanômetro - equipamentos para verificação de sinais vitais.

» Equipamentos de uso exclusivo do médico: laringoscópio, cânulas para entubação ou tubos endotraqueais, monitor e desfibrilador (cardioversor) e medicamentos (Figuras 3.11 a 3.13).

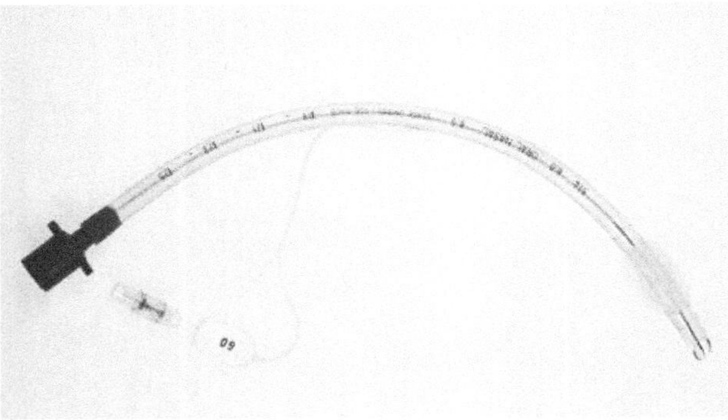

Figura 3.11 - Cânula de entubação.

Figura 3.12 - Laringoscópio.

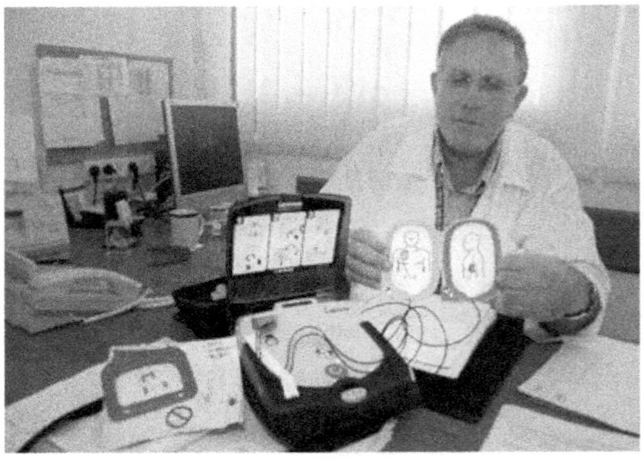

Figura 3.13 - Desfibrilador portátil (DEA).

3.5.2 Recurso pessoal

A equipe de APH deve contar com profissionais capacitados e habilitados, entre os quais médicos, enfermeiros e técnicos de enfermagem e motoristas.

3.6 Competências do profissional de enfermagem no APH

É de extrema importância que todo profissional de enfermagem conheça suas atribuições, algumas delas destacadas a seguir.

Descrita no referencial curricular, a competência geral do técnico especialista nessa área é "prestar assistência de enfermagem de média complexidade ao cliente no sistema de atenção às urgências e emergências, interagindo com a equipe multiprofissional em saúde, em todo o ciclo vital, nos agravos clínicos, cirúrgicos e traumáticos, seguindo os preceitos éticos e humanísticos da profissão, sob a orientação e supervisão do enfermeiro"[1].

Constituem as habilidades a serem desenvolvidas nessa área:

» preparar e organizar o ambiente para o atendimento de urgência e emergência;

» reconhecer situações de urgência e emergência, aplicando suporte básico e/ou avançado de vida, utilizando medidas de prevenção aos riscos ocupacionais;

» prestar cuidados de enfermagem ao cliente submetido à terapia intravenosa, aplicando medidas de segurança;

» prestar cuidados de enfermagem ao cliente em situação de dor na urgência e emergência;

» prestar cuidados de enfermagem de urgência e emergência, com a equipe multiprofissional em saúde, a clientes com agravos clínicos, em todo o ciclo vital, aplicando medidas de prevenção de riscos ocupacionais e de segurança;

» prestar cuidados de enfermagem a vítimas de mordeduras de animais, adotando medidas de prevenção aos riscos ocupacionais e ambientais;

» realizar aplicação, acondicionamento, conservação e orientações relativas aos imunobiológicos específicos para o atendimento de urgências e emergências, considerando os protocolos técnicos e os princípios de segurança do paciente.

» prestar cuidados de enfermagem em urgência e emergência, com a equipe multiprofissional em saúde, a clientes em situações de emergências obstétricas;

» identificar situações de urgência e emergência em saúde mental e prestar cuidados específicos;

» prestar cuidados específicos relativos a transporte e remoção de pacientes em situações de urgência e emergência;

» preparar e orientar o paciente para a realização de procedimentos e exames em urgência e emergência, garantindo segurança, conforto e privacidade;

» prestar cuidados ao paciente em eventos com múltiplas vítimas, desastres e catástrofes;

Vamos recapitular?

Neste capítulo, você conheceu o APH, suas características, o atendimento inicial do trauma e toda a sua dinâmica, assim como os recursos necessários para seu bom funcionamento.

Agora é com você!

1) Faça um levantamento sobre o APH e, com seus colegas e seu professor, aponte as características desse serviço em seu município: ele existe e, se sim, como funciona sua dinâmica?

2) Quais as características das equipes de salvamento?

3) Quais são as etapas do atendimento inicial?

4) Faça uma pesquisa sobre a abordagem primária completa do atendimento ao trauma.

5) Faça uma pesquisa sobre "escala de trauma".

6) Descreva quatro atribuições da equipe de enfermagem no APH.

3.7 Referências bibliográficas

1. FORTES, J. I. *et al. Curso de especialização profissional de nível técnico em enfermagem.* Livro do aluno: urgência e emergência. São Paulo: Fundap, 2010.

2. MINISTÉRIO DA SAÚDE. *Política Nacional de Atenção às Urgências.* Série E - Legislação de Saúde. 3. ed. ampliada. Brasília: Editora do Ministério da Saúde, 2006.

3. MINISTÉRIO DA SAÚDE. *Manual Instrutivo da Rede de Atenção às Urgências e Emergências no Sistema Único de Saúde (SUS).* Brasília: Editora do Ministério da Saúde, 2013.

4. NASI, L. A. *et al. Rotinas em pronto-socorro.* 2. ed. Porto Alegre: Artmed, 2005.

5. SECRETARIA DE SEGURANÇA PÚBLICA DO ESTADO DO PARANÁ. *Manual de atendimento pré-hospitalar ao trauma do Corpo de Bombeiros do Paraná.* Disponível em: <www.pmpr.pr.gov.br/modules/conteudo>. Acesso em: dez. 2013.

6. OLIVEIRA, B. F. M.; PAROLIN, M. K. F.; TEIXEIRA Jr., E. V. *Trauma:* atendimento pré-hospitalar. São Paulo: Atheneu, 2002.

7. SILVA, V. L. O. *Manual do atendimento pré-hospitalar.* Paraná: SIATE/Imprensa Oficial do Estado, 1995.

4

Gravidez e Parto - Emergências Obstétricas

Para começar

Durante o processo da gestação, algumas intercorrências clínicas podem surgir, colocando em risco a mãe e a vida de seu bebê.

Muitas vezes, o socorrista se vê diante do nascimento de uma criança e precisa fazer o parto dentro da ambulância, ou em outro veículo qualquer, sem condições mínimas de atendimento. O inesperado pode desencadear uma série de situações que obrigam o socorrista a ter raciocínio rápido, atuando de forma segura e transmitindo segurança para a mãe em um momento tão especial da sua vida.

Neste capítulo, você verificará alguns conceitos importantes relacionados à fase gestacional, ao parto normal e às urgências e emergências obstétricas que podem ocorrer.

O objetivo deste capítulo é que saiba identificar essas intercorrências e atuar de forma precisa e dinâmica.

4.1 Conceitos básicos

As emergências obstétricas são relativamente frequentes em qualquer rede de atendimento, privada ou pública.

Cabe à equipe de enfermagem estar preparada para prestar cuidados dessa natureza, de acordo com os protocolos institucionais e a legislação de enfermagem.

A capacitação de trabalhadores dos serviços de atenção às urgências, prevista na Portaria nº. 2.048/GM, de 5 de novembro de 2002, propõe ao técnico de enfermagem o desenvolvimento das seguintes habilidades nessa área específica[3]: reconhecer sinais de trabalho de parto normal, parto distócico e todas as complicações obstétricas na cena da ocorrência; descrever ao médico regulador os sinais observados nas pacientes em atendimento; estar habilitado para auxiliar no atendimento à gestante em trabalho de parto normal; estar habilitado para prestar o atendimento ao recém-nascido (RN) normal e prematuro; e manejar os equipamentos necessários para suporte ventilatório ao RN.

4.1.1 Obstetrícia

É a parte da medicina que trata da mulher gestante, da fecundação ao puerpério (período pós-parto), nas três fases:

» Gravidez: período que abrange desde a concepção ao trabalho de parto.

» Parto: período em que a criança e a placenta são expelidas do corpo.

» Puerpério: quando os órgãos de reprodução recuperam suas formas e tamanhos naturais. É o pós-parto.

4.2 Estruturas da gravidez

Algumas estruturas do corpo humano são próprias da gravidez, formadas somente no período gestacional, com o feto. São elas:

» Âmnio ou bolsa d'água: "saco" fino, transparente, que contém o líquido amniótico, que mantém o feto flutuando. Suas principais funções são proteger o feto contra traumas, permitir sua movimentação e servir como um isolante térmico para o feto.

» Placenta: estrutura que se forma no terceiro mês de gestação. Possui ramos estruturados destinados a nutrir o feto com alimentos e oxigênio.

» Cordão umbilical: une a placenta ao feto. Constituído de duas artérias e uma veia de calibre grosso, enroladas uma na outra, com aspecto de um cordão.

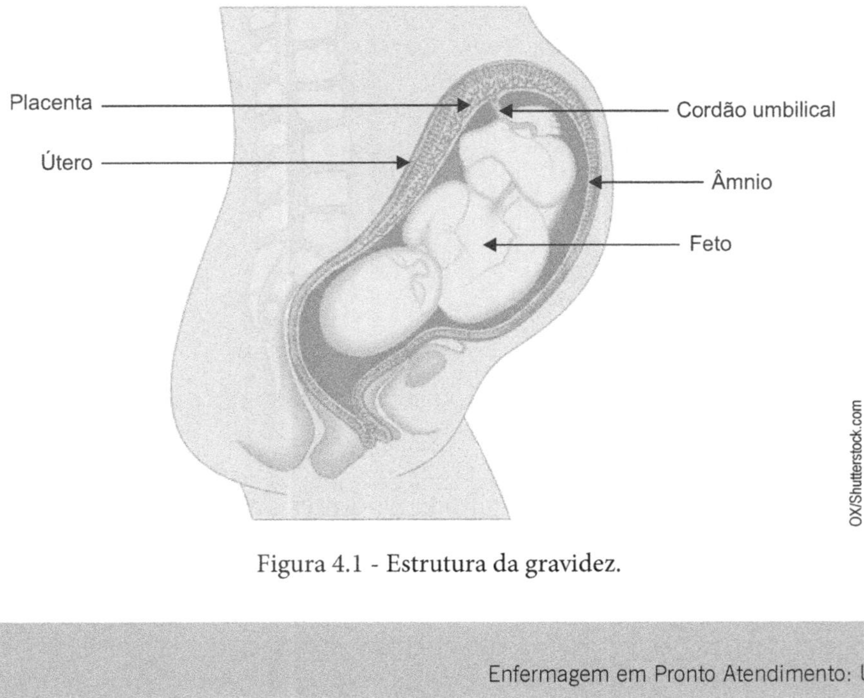

Figura 4.1 - Estrutura da gravidez.

4.3 Parto normal

Denomina-se parto normal o processo pelo qual a criança é expelida do útero naturalmente. Envolve três períodos - a dilatação, a expulsão e a dequitação (Figura 4.2).

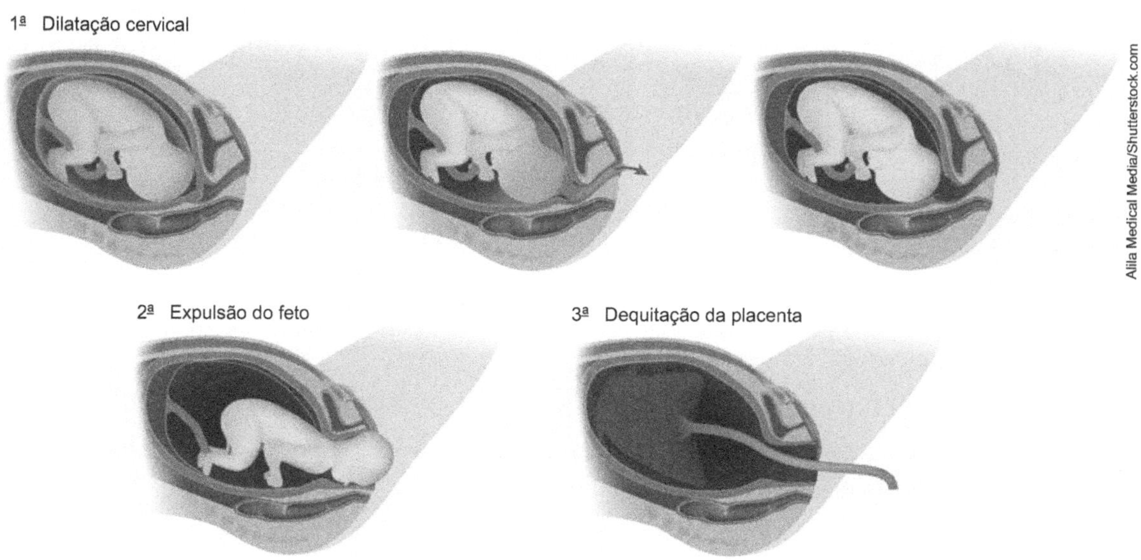

Figura 4.2 - Etapas do parto normal.

Dilatação

Primeira etapa do trabalho de parto, em que ocorre a dilatação do canal de parto por meio de contrações do útero. O colo do útero pode dilatar até 10 cm. Aparece como uma cólica de forte intensidade e um endurecimento da barriga.

Conduta

» Tranquilizar a gestante.
» Observar e anotar as contrações - frequência, duração e espaço de tempo.
» Observar sinais de sangramento e perdas de líquido.
» Orientar a paciente a respirar ofegantemente, a chamada respiração "cachorrinho".
» Não incentivar a fazer força, apenas controlar as contrações e observar sua respiração.
» Transportar a paciente para um hospital.

Expulsão:

Segunda etapa do trabalho de parto, em que ocorre a expulsão do feto.

Conduta

» Manter a gestante deitada e observar a característica do líquido amniótico. É normal que ocorra um discreto sangramento vaginal.
» A gestante tem a sensação de que evacuará, o que é normal, pois o feto exerce uma pressão contra o períneo e, consequentemente, contra o reto.

- A bolsa pode romper a qualquer momento, mas é normal que se rompa nessa etapa.
- Podem ocorrer ânsia e vômito. Orientar a gestante a permanecer com a cabeça lateralizada, evitando transtornos com as vias aéreas superiores.
- Orientar a gestante a fazer força e respiração curta e rápida na hora em que sentir a contração mais forte.
- A qualquer momento, pode acontecer o coroamento - a abertura vaginal se dá por completo e a cabeça da criança pode ser vista. O coroamento é o último sintoma antes de a criança sair por completo.

Dequitação

Terceira e última etapa do parto normal. É o período em que ocorre o desprendimento da placenta. Pode acontecer até 30 minutos após a expulsão do feto. É normal que ocorra um sangramento de média quantidade.

Conduta

- Não puxar ou forçar a placenta a sair. Ela "desce" naturalmente. Aguardar.
- Assim que a placenta se soltar, colocá-la em um local separado e levá-la com a mãe e a criança ao hospital para ser examinada.
- Proteger a abertura vaginal com um absorvente.
- Encaminhar a paciente para o hospital o mais rápido possível.
- Apalpar o abdome da paciente e tentar sentir o útero. Se estiver relaxado e com sangramento, fazer uma massagem suave no abdome, comprimindo o útero. Continuar com a massagem até sentir o útero mais endurecido. Atenção, essa conduta deve ser feita no hospital, pelo médico ou enfermeiro capacitado para tal manobra.

Veja outras orientações neste capítulo sobre parto de emergência e os cuidados com a mãe e a criança após o nascimento.

A assistência de enfermagem durante todas as etapas do parto normal deve seguir a SAE e/ou protocolos institucionais.

4.4 Intercorrências clínicas

Durante a gravidez, algumas intercorrências clínicas são comuns e ocorrem com certa frequência. Por isso, é necessário fazer o acompanhamento médico durante toda a gestação, o que chamamos de pré-natal.

Entre as intercorrências clínicas, veremos as infecções e as patologias mais frequentes na gravidez.

4.4.1 Infecções

4.4.1.1 Urinária

Uma das infecções mais comuns durante a gravidez ocorre no trato urinário[1,5]. A infecção de urina caracteriza-se pela proliferação de microrganismos da flora intestinal para o trato urinário, contaminando-o.

Diagnóstico

- Clínico: disúria, polaciúria, dor lombar; nas infecções mais graves, podem ocorrer taquicardia, calafrios, hipertermia, náuseas e vômitos.
- Laboratorial: por meio do exame de urina, da cultura e da contagem de colônia.

Conduta

- Internação hospitalar: o tratamento deve ser hospitalar, quando o índice de infecção estiver muito alto, evitando o trabalho de parto prematuro e até mesmo sepse. Nos casos mais leves, o tratamento pode ser ambulatorial, mas deve ser iniciada imediatamente antibioticoterapia. A conduta de internação é de responsabilidade médica.
- Hidratação por via endovenosa de acordo com prescrição médica.
- Antibioticoterapia, também de acordo com conduta médica, após avaliação da idade gestacional e do resultado do exame.

Assistência de enfermagem

- Verificar sinais vitais e realizar controle rigoroso da temperatura, pois a infecção a eleva.
- Administrar antibioticoterapia e soro de acordo com a prescrição médica.
- Anotar diurese, cor, aspecto, quantidade e odor da urina.
- Não sondar ou realizar cateterismo, o que pode aumentar a infecção, pois trata-se de um procedimento invasivo.
- Estimular a micção espontânea.
- Auxiliar na coleta de exames de urina.
- Acompanhar o quadro geral da paciente, verificando ingesta de alimentos e líquidos.
- Fazer ausculta dos batimentos cardiofetais (BCF) diariamente e anotar.
- Aferir circunferência abdominal (CA) e altura uterina (AU) diariamente e anotar.
- Orientar a gestante para que permaneça em repouso, em decúbito lateral esquerdo (DLE).

4.4.1.2 Toxoplasmose

Infecção causada pelo *Toxoplasma gondii* (TG) que acomete o feto e causa danos anatômicos e funcionais, entre os quais retardo do crescimento intrauterino, prematuridade e até mesmo toxoplasmose congênita[1].

Diagnóstico

- Clínico: é pouco confiável, mas é preciso considerar os processos febris e adenomegálicos ocorridos, febre, mal-estar, contato com felinos.
- Laboratorial: imunofluorescência e hemoglutinação.

Conduta

De inteira responsabilidade médica. Entre as condutas mais comuns, podemos destacar:

- Acompanhar atentamente a gestante.
- Orientar os pais da criança sobre o risco da infecção e o que pode causar ao feto.

- » Iniciar o tratamento com espiramicina (500 mg) 3 g/dia por via oral, quando a infecção for aguda.
- » Fazer exame ecográfico para detectar complicações tardias.

Assistência de enfermagem

- » Quando a paciente estiver hospitalizada, proceder à assistência de verificação de sinais vitais, BCF, AU e CA diariamente.
- » Conversar com a mãe quando estiver disposta a tocar no assunto.
- » Oferecer apoio orientando no que for referente aos demais meses de gestação ao parto.

4.4.1.3 Rubéola

Infecção causada por vírus com alta toxicidade para o embrião, podendo causar a síndrome da rubéola congênita, caracterizada por microftalmia, cardiopatia e retardo mental.

Diagnóstico

- » Clínico: exantema maculopapular, que aparece 2 semanas após o contato (durante 5 dias), febrícula, adenomegalia, mal-estar, cefalia.
- » Laboratorial: IgG (imunoglobulina G) - exame de sangue.

Conduta

De inteira responsabilidade médica. A enfermagem deve saber:

- » Sua definição depende do resultado de exames apresentado: IgG (+) significa contato prévio com o vírus e o risco de transmissão é baixo; IgG (-) significa gestante suscetível, devendo evitar o contato com pessoas contaminadas e, no puerpério, ser vacinada.
- » No caso de infecção aguda, aferir o período de contato com a idade gestacional, orientar familiares e aconselhar tratamento em locais de referência.

Assistência de enfermagem

- » Quando a paciente estiver hospitalizada, proceder à assistência de verificação de sinais vitais, BCF, AU e CA diariamente.
- » Conversar com a mãe quando estiver disposta a tocar no assunto.
- » Oferecer apoio orientando no que for referente aos demais meses de gestação e ao parto.

4.4.1.4 Sífilis

Infecção causada pelo *Treponema pallidum*, transmitida sexualmente. A infecção do feto depende do estado da doença na gestante, ou seja, quanto mais recente a infecção da mãe, mais grave será o comprometimento fetal, pois os treponemas estarão mais ativos.

Classificação

- » Sífilis adquirida recente: com menos de 1 ano de evolução (primária, secundária, latente recente).

- Sífilis adquirida tardia: com mais de 1 ano de evolução.
- Sífilis adquirida congênita: transmitida da mãe para o embrião.

Diagnóstico

- Clínico: identificação de cancro duro, erupções cutâneas generalizadas e condiloma, já em fase adiantada dos sinais e sintomas.
- Laboratorial: VDRL (*Venereal Disease Research Laboratory*).

Conduta

De responsabilidade médica. De acordo com diagnóstico e sinais e sintomas, proceder a:

- Antibioticoterapia de acordo com a fase em que estiver a doença.
- Tratamento do parceiro concomitantemente.

Assistência de enfermagem

- Orientar a gestante quanto à doença e ao seu tratamento.
- Quando estiver hospitalizada, proceder à assistência de verificação de sinais vitais, BCF, AU e CA diariamente.
- Conversar com a mãe quando estiver disposta a tocar no assunto.
- Oferecer apoio orientando no que for referente aos demais meses de gestação e ao parto.

4.4.2 Patológicas

4.4.2.1 Doença hipertensiva específica da gestação (DHEG)

Patologia mais frequente da gravidez, definida como aumento da pressão, edema, discreta proteinúria, o que chamamos de "tríade da DHEG".

Diagnóstico

- Hipertensão: pressão arterial (PA) $\geq 140 \times 90$ mmHg.
- Pré-eclampsia: a tríade é mais acentuada com PA mínima de 110 mmHg, cefaleia, dor abdominal, oligúria e convulsão - estado de emergência.
- Eclampsia: os sinais da pré-eclampsia se acentuam e precipitam na crise convulsiva, podendo levar ao coma.

Características e sintomas

Conhecida como toxemia gravídica, aparece no final do 2º semestre da gestação e é comum em primigesta. Fatores que a predispõem: paridade, idade avançada, número de gestações, diabetes, hipertensão crônica. Apresenta como sintomas: hipertensão, edema, proteinúria, irritabilidade, cefaleia, tonturas, dor epigástrica, convulsão e coma.

Conduta

De responsabilidade médica. A conduta mais comum é a internação hospitalar para tratamento adequado.

Tratamento

- Fazer pré-natal rigoroso.
- Dieta hipossódica e hipoproteica.
- Repouso em decúbito lateral esquerdo, o que favorece a descompressão da veia cava, aumentando, com isso, o fluxo venoso.
- Terapêutica medicamentosa.
- Hospitalização.

Assistência de enfermagem

- Estimular o repouso e orientar a paciente quanto a sua necessidade.
- Aferir PA rigorosamente de hora em hora ou a cada 2 horas e anotar em gráfico.
- Orientar a gestante sobre todas as condutas a serem tomadas.
- Aferir BCF.
- Administrar medicamentos conforme prescrição médica.
- Manter a gestante em cama de grades.
- Se houver administração de sulfato de magnésio, fazê-la por via intramuscular profunda ou endovenosa, porém avaliando o reflexo patelar. A respiração deve estar acima de 12 mrpm (movimento respiratório por minuto) e o volume urinário deve ser aproximadamente de 30 mL/hora. O sulfato de magnésio age como anticonvulsivante, pois diminui a irritabilidade do SNC e a pressão sanguínea por vasodilatação.
- Se ocorrer crise convulsiva, lateralizar a cabeça, impedindo a aspiração. Não utilizar cânula de Guedel, pois pode estimular mais ainda o vômito.

Amplie seus conhecimentos

O diabetes mellitus gestacional (DMG) também é uma das complicações mais comuns da gestação e atinge até 15% das mulheres, podendo interferir no desenvolvimento do feto. Os casos de malformações congênitas aumentam até 3 vezes, ao passo que a ocorrência de partos pré-termo em torno de 10[1].

4.4.3 Hemorrágicas

O sangramento vaginal é um indicativo para suspeita de gravidade da evolução gestacional.

Pode ocorrer por causas variadas, entre a primeira e a segunda metade da gestação. No início da gravidez, são comuns os sangramentos vaginais, que têm como causa a gravidez ectópica, a doença trofoblástica gestacional e o abortamento. Em um período mais avançado da gestação, o sangramento pode indicar descolamento prematuro de placenta ou placenta prévia.

A seguir, veremos as intercorrências hemorrágicas mais comuns.

4.4.3.1 Descolamento prematuro da placenta (DPP)

Causas

- Traumático: consequência de traumas como quedas, acidentes, torção do útero.
- Não traumático: hipertensão, deficiência nutricional e hormonal, malformação placentária, processos inflamatórios locais.

Independentemente da causa, a hemorragia é inevitável. A área de descolamento pode ser total ou parcial, ocorrendo um hematoma retroplacentário, que provoca hipertonia uterina.

Diagnóstico

De competência médica. A enfermagem deve ficar atenta ao tipo de conduta a ser tomada.

- Clínico: por meio dos sinais e sintomas apresentados.
- Por imagem: ultrassonografia, detectando localização da placenta e suas características.

Sintomas

- Sangramento, podendo ou não ser interno.
- No início, dor abrupta em baixo ventre.
- Hipersensibilidade uterina.
- Dilatação do colo uterino.
- Aumento do sangramento, podendo levar a choque.
- Comprometimento fetal.

Tratamento

- Hospitalização imediata, podendo levar à cesariana.
- Controlar os sinais vitais e BCF de forma rigorosa.
- Hidratação venosa.
- Repouso.

Assistência de enfermagem

- Verificar e anotar sinais vitais e BCF a cada 1 hora.
- Orientar a paciente quanto à necessidade do repouso.
- Verificar e anotar a hemorragia e seu aspecto.
- No caso de cesariana, preparar a paciente para tal procedimento, orientando-a quanto ao tipo de parto.

O óbito fetal pode ser inevitável no DPP, por isso a necessidade de detectar o sangramento rapidamente. Se for moderado, a paciente pode ser mantida em repouso; se não evoluir para trabalho de parto e o sangramento aumentar, a cesariana é uma saída, procurando preservar a vida do feto.

É importante saber que outras patologias estão diretamente ligadas ao período da gestação, entre elas as alterações de pressão, a eclampsia, o acretismo placentário, distúrbios de coagulação, distúrbios tromboembólicos, entre outras menos frequentes. Faça uma pesquisa sobre essas patologias e promova um seminário em sala de aula. Outro fator importante de destaque é a Assistência de Enfermagem, que deve seguir a SAE e protocolos institucionais.

Vamos recapitular?

Neste capítulo, você conheceu a estrutura de atendimento nas urgências e emergências obstétricas, a estrutura do APH para esses casos e as principais intercorrências clínicas com a gestante.

Agora é com você!

1) Pesquise sobre o trauma na gestação e apresente em sala de aula as suas principais características.
2) Faça um levantamento sobre óbito gestacional nos hospitais da sua região e veja as principais causas que levaram ao óbito. Pesquise também na internet caso não consiga a informação diretamente na rede de atendimento.
3) Qual portaria capacita o técnico de enfermagem a atuar em emergências obstétricas? Descreva duas atribuições desse profissional.
4) O que é DHEG?
5) Pesquise sobre TPP e suas consequências.
6) Quais os períodos do PN?

4.5 Referências bibliográficas

1. POTTER, P. A.; PERRY, A. G. *Grande tratado de enfermagem prática:* clínica e prática hospitalar. 3. ed. São Paulo: Santos, 2001.
2. FORTES, J. I. *et al. Curso de especialização profissional de nível técnico em enfermagem.* Livro do aluno: urgência e emergência. São Paulo: Fundap, 2010.
3. NASI, L. A. *et al. Rotinas em pronto-socorro.* 2. ed. Porto Alegre: Artmed, 2005.
4. CRUZ, A. P. *Curso didático de enfermagem.* 1. ed. São Caetano do Sul: Yendis, 2005.
5. BOUNDY, J. *et. al. Enfermagem médico-cirúrgica.* 3. ed. v. 1, 2 e 3. Rio de Janeiro: Reichmann & Affonso, 2004.
6. SILVA, V. L. O. *Manual do atendimento pré-hospitalar.* Paraná: SIATE/Imprensa Oficial do Estado, 1995.
7. CONSELHO REGIONAL DE ENFERMAGEM DE SÃO PAULO. *Documentos básicos de enfermagem:* enfermeiros, técnicos e auxiliares. 1. ed. São Paulo: Coren, 2001.
8. SECRETARIA DE SEGURANÇA PÚBLICA DO ESTADO DO PARANÁ. *Manual de atendimento pré-hospitalar ao trauma do Corpo de Bombeiros do Paraná.* Disponível em: <www.pmpr.pr.gov.br/modules/conteudo>. Acesso em: dez. 2013.

5

Urgências e Emergências Clínicas

Para começar

Neste capítulo, você conhecerá algumas complicações clínicas que podem ser encontradas com certa frequência no âmbito das ocorrências do dia a dia. É preciso observar, nesse sentido, que as orientações dadas no atendimento fora do ambiente hospitalar são diferenciadas das relacionadas ao atendimento pré-hospitalar (APH), porque o primeiro atendimento pode ser realizado por pessoas que se encontram no local do acidente. É importante ressaltar que essas pessoas precisam ter um pouco de conhecimento sobre o que está ocorrendo; caso contrário, é preferível deixar a vítima em repouso e chamar atendimento médico imediato.

Todo APH é realizado de forma sincronizada, ordenada e sistêmica, sob orientação e supervisão de um profissional médico ou enfermeiro, qualificado para tal.

O objetivo deste capítulo é que você saiba reconhecer e atuar frente a essas urgências e emergências.

5.1 Conceitos básicos

A organização do atendimento por meio de protocolos específicos facilita o trabalho da equipe assistencial.

Os métodos de atendimento aceitos internacionalmente estão de acordo com as diretrizes da American Heart Association (AHA), cuja última atualização foi publicada em outubro de 2010, que estabelecem protocolos para o Suporte Básico de Vida (BLS), o Suporte Avançado de Vida em Cardiologia (ACLS, do inglês *Advanced Cardiovascular Life Support*) e o Suporte Avançado de Vida em

Pediatria (PALS, do inglês *Pediatric Advanced Life Support*). A atenção à vítima de trauma é delineada pelas orientações do *Advanced Trauma Life Support* (ATLS) da National Association of Emergency Medical Technicians (NAEMT) em cooperação com o Comitê de Trauma do Colégio Americano de Cirurgiões[7].

Esses protocolos nos auxiliam a organizar as etapas do atendimento, evitando desperdício de tempo, material e energia da equipe assistencial.

Dessa forma, daremos ênfase, em nossos estudos, à parada cardiorrespiratória (PCR), para entendermos melhor toda a dinâmica que envolve esses conceitos preconizados para atendimento.

5.2 Emergências cardiovasculares

Existem várias situações clínicas/patológicas do sistema cardiovascular que, mesmo sob tratamento, podem gerar uma urgência ou emergência. Em muitas dessas situações, não podemos fazer nada, mas precisamos identificá-las e aguardar socorro médico para que a vítima sinta-se mais tranquila. Veremos, em seguida, algumas dessas patologias.

As doenças cardiovasculares são a primeira causa de mortalidade constatada em nosso meio. Milhares de brasileiros morrem por ano em consequência dessas doenças, entre as quais destacamos o infarto agudo do miocárdio (IAM), a parada cardiorrespiratória (PCR) e a insuficiência coronariana (angina).

É de extrema importância que o socorrista saiba identificar os sinais e sintomas dessas urgências e definir o atendimento inicial.

5.2.1 Angina e infarto agudo do miocárdio (IAM)

Definições

» Angina de peito: dor precordial, ou retroesternal, decorrente da deficiência de oxigenação para o miocárdio (músculo cardíaco). Também chamada de angina estável, não causa a morte das células do miocárdio[1,3,5,6].

» Angina instável: dor precordial, ou retroesternal, que pode ser irradiada para membros superiores e provocar palidez, sudorese, dispneia e extremidades frias. É uma forma de dor que dura entre 20 e 30 minutos, também não causa a morte das células do miocárdio, porém seu quadro clínico é mais intenso, podendo responder ao uso de nitrato sublingual.[1,3,5,6].

» Infarto: dor precordial retroesternal, de forte intensidade, com duração acima de 30 minutos, podendo irradiar para membros superiores ou braço esquerdo. Dor em forma de aperto ou queimação. Pode ter início como dor epigástrica, irradiando em seguida para o peito e braço. Apresenta também como sintomas náuseas, vômito, sudorese fria, ansiedade e taquicardia. Como a deficiência de oxigenação é muito elevada, ocorre morte das células do miocárdio, provocando necrose do músculo cardíaco[1,3,5,6].

O que fazer fora do ambiente hospitalar

- Manter a vítima deitada e tentar tranquilizá-la, orientando-a sobre o que pode estar acontecendo.
- Se já faz uso de nitrato, administrar um comprimido sublingual.
- Chamar socorro médico.
- Verificar o pulso.
- Manter a cabeceira elevada, facilitando a oxigenação.
- Manter suas roupas afrouxadas, principalmente cintos, botões e gravatas.
- Aguardar socorro junto à vítima.

Atendimento pré-hospitalar

- Observe que a diferença entre angina e infarto está praticamente definida nas características da dor que a vítima apresenta; assim, é muito importante que o socorrista esteja preparado para diferenciar o tipo de dor e administrar sua conduta.
- Colher as informações de quem socorreu primeiro a vítima e fazer uma rápida avaliação do caso. Quando não se tratar de trauma, a dificuldade do socorrista em identificar a causa é maior.
- Identificar-se (bem como a sua equipe de atendimento) e conversar com a vítima, o que a tranquilizará. Com isso, o atendimento torna-se mais eficiente.
- Manter a vítima em repouso com a cabeceira elevada.
- Se já faz uso de nitrato e este ainda não foi utilizado, administrar um comprimido sublingual e anotar.
- Verificar os sinais vitais.
- Transportar a vítima para a ambulância, em condições adequadas.
- Na ambulância, administrar oxigênio (O_2), monitorando-o, e instalar oxímetro de pulso.
- Evitar o uso das sirenes nesse tipo de transporte, pois isso aumenta a ansiedade da vítima. O socorrista também deve saber avaliar as condições de usar ou não as sirenes da ambulância.
- Quando a vítima está inconsciente, o atendimento deve ser mais rápido e ágil. Se necessário, realizar ressuscitação cardiopulmonar.

Assistência de enfermagem na hospitalização

- Manter o paciente deitado, em decúbito dorsal, com a cabeceira ligeiramente elevada.
- Administrar O_2 conforme conduta médica, geralmente por cateter nasal com até 4 L/m.
- Providenciar um eletrocardiograma (ECG).
- Instalar o monitor cardíaco e o oxímetro de pulso.
- Verificar e anotar pulso e pressão arterial (PA).

- Seguir as orientações médicas quanto à infusão de medicamentos.
- Puncionar veia para acesso venoso, de "calibre grosso".
- Já na punção, colher amostra de sangue para dosagem de enzimas e eletrólitos.
- Ocorrendo sedação por parte médica, atenção especial aos sinais vitais e monitorização, pois o paciente permanecerá mais relaxado.
- Deixar o desfibrilador montado para uma possível cardioversão elétrica.
- Após estabilização do quadro, manter vigilância constante desse paciente, tranquilizando-o.
- Orientá-lo quanto a tudo o que aconteceu e como está no momento. Isso deve ser feito com acompanhamento médico.
- Comunicar aos familiares.
- Dar continuidade ao plano de cuidados elaborado pelas equipes de enfermagem e médica.

Fique de olho!

- Repouso: o paciente deve manter-se deitado para diminuir o esforço do músculo cardíaco, evitando, assim, complicações do infarto.
- Nitratos: seu uso imediato alivia a dor e previne novas crises, melhorando a função ventricular.
- Betabloqueadores: diminuem o consumo de oxigênio pelo miocárdio, reduzindo a frequência cardíaca e a pressão arterial.
- Dieta: deve permanecer por até 24 horas em jejum para evitar o vômito.
- Sedação: evita o estresse do paciente.

Exames que diagnosticam o IAM

- ECG: no eletrocardiograma, podem ocorrer:
  - inversão da onda T: mostra suboclusão do músculo cardíaco; sinal de isquemia[6];
  - supradesnivelamento do segmento ST: mostra oclusão do músculo do miocárdio[6];
  - deflexão negativa inicial da onda Q do complexo QRS: mostra necrose do músculo do miocárdio[6].
- Alterações enzimáticas: verificadas no exame de sangue:
  - creatinofosfoquinase (CPK): tem seus índices elevados em poucas horas após o início da dor, ou seja, do quadro clínico;
  - CKMB: isoenzima encontrada no músculo cardíaco; determina a quantidade de massa ventricular infartada;
  - transaminase glutâmico-oxalacética (TGO): eleva-se entre 8 e 12 horas após o quadro clínico, normalizando-se até três dias depois;
  - desidrogenase láctica (DHL): última enzima a ser alterada e atinge seu pico entre 24 e 48 horas;
  - troponinas: enzimas que determinam lesão cardíaca e específica.

5.2.2 Cuidados de enfermagem na administração de trombolíticos

» Conhecer o medicamento a ser administrado e, principalmente, a sua ação. No IAM com onda Q bem definida, ocorre obstrução trombótica da artéria coronária.

» Os medicamentos com substâncias trombolíticas têm a finalidade de dissolver os trombos. Geralmente, estão indicados para casos com dor de duração acima de 30 minutos, que não ceda ao uso de nitratos e apresente no ECG indicação para tal, porém estão contraindicados para qualquer sangramento interno, traumatismo cranioencefálico (TCE) e cirurgias intracranianas inferiores a seis meses, história de acidente vascular cerebral (AVC) hemorrágico, cirurgias de grande porte há menos de duas semanas.

» Devem ser diluídos em soro glicosado a 5% e não devem ser agitados.

» Devem ser infundidos entre 30 e 60 minutos.

» Utilizar preferencialmente equipo microgotas ou bomba de infusão.

» Controlar atentamente o gotejamento.

» Manter a monitorização.

» Não fazer aplicações intramusculares (IM), pois o tempo de coagulação aumentará, nem punção venosa, por um período de 72 horas.

» Manter repouso absoluto durante a infusão.

» Observar presença de sangue nas fezes e na escovação dos dentes.

5.2.3 Ação medicamentosa sobre as emergências cardiovasculares

» Dinitrato de isossorbida: Via de administração - sublingual. Ação - promover rápida vasodilatação coronariana.

» Nitroglicerina: Via de administração - endovenosa. Ação - promover potente vasodilatação.

» Atenolol: Via de administração - oral. Ação - é um betabloqueador que diminui a frequência cardíaca.

» Ácido acetilsalicílico: Via de administração - oral. Ação - é um antiagregante plaquetário, que inibe a formação de trombos.

» Morfina: Via de administração - endovenosa. Ação - promove o alívio da dor e diminui o estado de ansiedade.

» Ansiolíticos: Vias de administração - oral, endovenosa e intramuscular. Ação - promover diminuição no estado de ansiedade e atuar como miorrelaxante, contribuindo para aliviar dor e tensão. O diazepam é o mais utilizado.

» Heparina: Via de administração - endovenosa. Ação - anticoagulante, que contribui para a diminuição da viscosidade do sangue, evitando maiores complicações para o miocárdio.

» Estreptoquinase: Via de administração - endovenosa. Ação - trombolítica, dissolvendo os trombos e melhorando o fluxo sanguíneo para o miocárdio. Trata-se de droga vasoativa, que necessita de vigilância constante ao ser administrada, devendo ser infundida em bomba de infusão própria, e monitoramento de pulso e pressão.

5.3 Parada cardiorrespiratória (PCR) em ambiente hospitalar

Consiste na ausência de batimentos cardíacos e respiratórios de um indivíduo, não diferente da situação de uma vítima de algum trauma visto anteriormente. O fator que diferencia nesse caso é que o indivíduo já se encontra no ambiente hospitalar, o que pode "facilitar" seu atendimento emergencial.

Em um conceito mais amplo, está definida como a cessação abrupta das funções cardíacas, respiratórias e cerebrais. Comprovada pela ausência de pulso central (carotídeo ou femoral), de movimentos respiratórios (apneia) ou respiração agônica (*gasping*), inconsciência (de 8 a 12 segundos após a PCR) e midríase completa em menos de 3 minutos[7].

O atendimento à PCR deve ser rápido e eficiente e o objetivo principal da reanimação cardiopulmonar (RCP) é manter uma circulação artificial, promovendo oxigênio cerebral.

Causas

Diversas causas estão ligadas à PCR, porém indivíduos portadores de cardiopatias, hipertensão, diabetes, antecedentes familiares de morte súbita, pneumotórax, broncoespasmo e em uso de anestésicos podem ter maior predisposição.

Sinais e sintomas

Sudorese, dor torácica, taquicardia, tontura, escurecimento ou embaçamento da visão, alteração do nível de consciência e alterações da pressão arterial.

Como diagnosticar a PCR

Para definirmos a PCR, devemos observar três sinais clínicos, as fases que caracterizam a PCR.

» Fase elétrica: observar nível de consciência - se inconsciente, chamar pelo indivíduo. Trata-se do período que se estende do momento da parada cardíaca até os 5 minutos subsequentes. A desfibrilação imediata, quando possível, é o tratamento ideal.

» Fase circulatória ou hemodinâmica: observar respiração - se ausente, verificar a expansão torácica, ouvir sons expiratórios e sentir o ar expirado. Seu tempo de duração é de 5 a aproximadamente 15 minutos pós-parada cardíaca. Nessa fase, iniciar as compressões torácicas externas fortes e rápidas, em uma frequência de, no mínimo, 100 por minuto. As interrupções devem ser evitadas, pois comprometem a perfusão coronariana e cerebral. Caso você encontre situação de PCR nessa fase, é importante priorizar a RCP com 30 compressões torácicas externas para 2 ventilações por cerca de 2 minutos.

- Fase metabólica: observar pulso - se ausente, verificar o pulso carotídeo ou femoral, por serem mais precisos que o pulso periférico, que pode ser variável e instável. Estende-se de 10 a 15 minutos após a PCR. Nessa fase, a eficácia da desfibrilação imediata e da RCP diminui drasticamente. Nesse estágio, o paciente se beneficiaria com a indução da hipotermia terapêutica à temperatura entre 32 a 34 °C por 12 a 24 horas, que promoveria, possivelmente, a melhora no fornecimento de oxigênio cerebral. Com isso, o retorno do pulso será evidente. Recomenda-se iniciar até 6 horas após a PCR, com o objetivo de melhorar o prognóstico neurológico e a sobrevida do cliente.

O que fazer após a comprovação da PCR

Após comprovar a PCR, como você está em ambiente hospitalar, chame um colega e inicie rapidamente o "ABCD" para socorrer o indivíduo, mesmo procedimento utilizado fora do ambiente hospitalar. De acordo com as novas diretrizes da AHA-2010, para RCP recomenda-se a alteração da sequência de procedimentos ABC (via aérea, respiração, compressões torácicas) para CAB (compressões torácicas, via aérea, respiração) em adultos, crianças e bebês (excluindo-se recém-nascidos)[7].

C - Promover a circulação artificial

- Realizar massagem cardíaca.
- Puncionar acesso venoso.
- Instalar o monitor cardíaco.
- Verificar pressão.
- Anotar o tempo da parada.
- Anotar todos os medicamentos administrados.

A - Liberação das vias aéreas

- Colocar o indivíduo em posição dorsal e proceder à liberação das vias aéreas.
- Alinhar a cabeça com o tronco.
- Hiperestender a cervical; atenção: se for trauma, não realize essa manobra.
- Retirar próteses.
- Colocar a cânula de Guedel.
- Aspirar secreção da boca, da faringe e das narinas.

B - Promover respiração artificial

- Se, após liberar as vias aéreas, a respiração não retornar, iniciar a respiração artificial, utilizando o Ambu para ventilar. Lembrar-se de que no hospital é proibido realizar respiração boca a boca.
- O Ambu deve ser empregado corretamente, com máscara de tamanho adequado, e segurado firmemente.

» Deve ser realizada uma frequência de 2 ventilações para 30 massagens antes da entubação orotraqueal e, em seguida à entubação, feitas em média 20 ventilações por minuto utilizando Ambu.

PCR fora do ambiente hospitalar

Na maioria das vezes, a PCR ocorre fora do ambiente hospitalar e é geralmente presenciada por desconhecidos, que não possuem conhecimento sobre as ações básicas para manutenção da vida, que poderiam ser aplicadas até a chegada do APH.

Para que o socorro possa ser prestado de maneira sistematizada à vítima com parada cardíaca súbita, a AHA-2010 desenvolveu uma cadeia de sobrevivência, constituída por uma sequência de ações[7] com o objetivo de garantir que uma boa oxigenação chegue ao local:

1) reconhecimento imediato da PCR e acionamento do serviço de emergência/urgência (ligue 192 ou 193);

2) RCP precoce, com ênfase nas compressões torácicas;

3) rápida desfibrilação;

4) suporte avançado de vida eficaz;

5) cuidados pós-RCP integrados.

Sistematização de assistência à PCR

O principal objetivo da sistematização é instituir as condições mínimas necessárias para recuperar ou manter a oxigenação e a perfusão cerebral; consiste no reconhecimento da PCR e na realização de procedimentos para a RCP.

Com as alterações das diretrizes da AHA em 2010, a sequência ABC passou a ser CAB, com as características apresentadas.

C - Circulação

» Adulto: frequência de 30 compressões para duas ventilações. As compressões devem ser rápidas e fortes. Assim que houver uma via aérea estabelecida, as compressões torácicas poderão ser contínuas, a uma frequência mínima de 100/minuto (AHA, 2010). Se o desfibrilador externo automático (DEA) for disponibilizado, utilizá-lo imediatamente. Uma vez instalado, interromper a RCP para a análise do ritmo pelo DEA.

» Bebê e criança: verifique o pulso (braquial em bebê e carotídeo ou femoral em criança) em até 10 segundos; inicie as compressões torácicas. Iniciar com 30 compressões e em seguida duas ventilações.

» Idoso: mesma frequência do adulto, porém com menos força, pois as calcificações de cartilagens costocondrais podem provocar fraturas de costelas durante a realização da RCP.

- Gestante: faça tração do útero para o lado esquerdo, colocando a gestante em decúbito lateral esquerdo, para que ocorra a descompressão da veia cava e a manobra de RCP se torne mais eficaz, melhorando a situação da mãe e do feto.

A - Vias aéreas

- Adulto: não havendo suspeita de trauma cervical, é realizada pela inclinação da cabeça e pelo levantamento do queixo. Observe se há evidências de ruídos como roncos e estridores. Verifique se há sangue ou outro obstáculo que possa obstruir a passagem do ar.
- Bebê e criança: por possuírem região occipital proeminente, acabam favorecendo a flexão do pescoço, provocando obstrução de VA em posição supina.

B - Boa ventilação

- Adulto: Após a primeira série de compressões torácicas iniciais, a via aérea é aberta e são aplicadas duas ventilações. Devem ser feitas na proporção de uma a cada seis a oito segundos (8 a 10 ventilações/min). É importante que se verifique a elevação do tórax.
- Bebê e criança: devem-se seguir as mesmas orientações preconizadas para o adulto, ou seja, cada ventilação é oferecida por cerca de 1 segundo, verificando-se a elevação do tórax.

D - Desfibrilação

- Adultos: o desfibrilador externo automático (DEA) é utilizado no SBV por profissionais habilitados, e pode ser operado por pessoa leiga treinada. Tem como função analisar o ritmo cardíaco, reconhecer ritmo chocável e orientar o usuário sobre como proceder. Logo após a desfibrilação, reiniciar imediatamente cinco ciclos de 30 compressões para duas ventilações por um período de aproximadamente dois minutos de RCP.
- Bebê e criança: segundo as novas Diretrizes AHA 2010, é recomendado para bebê e criança o uso de desfibrilador manual ou um DEA equipado com atenuador de carga pediátrico. Se não houver disponibilidade de nenhum dos dois, utiliza-se um DEA sem atenuador de carga pediátrico. A aplicação de um choque de carga alta é preferível a nenhum choque (AHA, 2010).

Amplie seus conhecimentos

Código azul é a normatização utilizada em diversos centros médicos do mundo para atendimento em PCR em unidades não críticas, como unidade de internação, ambulatórios e banco de sangue. Tem como objetivo sistematizar o atendimento de pacientes com suspeita de PCR e agilizar ao máximo o acesso ao suporte básico e avançado de vida. Ações sincronizadas são desenvolvidas por equipes treinadas, envolvendo diferentes equipes e serviços do hospital[8].

Cuidados pós-reanimação de PCR

Têm por objetivo assegurar a melhor recuperação do paciente, cujo estado exige monitoramento contínuo, com avaliação realizada segundo o método CAB, até que seja transferido do serviço de urgência para a unidade de terapia intensiva (UTI).

Na fase de pós-reanimação, destacam-se os cuidados relacionados a: vias aéreas e ventilação; monitorização cardíaca; verificação de oximetria de pulso; verificação de acesso venoso para controle de infusão de volume, drogas vasoativas e antiarrítmicas; controle de glicemia; sonda nasogástrica e cateter vesical de demora; controle dos sinais vitais; e monitorização e registro de parâmetros hemodinâmicos.

As diretrizes da AHA-2010 recomendam um sistema abrangente, estruturado para receber a vítima pós-PCR, de modo a assegurar aporte cardiopulmonar e neurológico, hipotermia terapêutica e intervenções percutâneas.

Após a estabilização do paciente, o enfermeiro providenciará sua transferência para UTI ou hemodinâmica de forma adequada e segura.

Durante o transporte, é necessária a reavaliação constante para a manutenção de vias aéreas pérvias, da ventilação mecânica e de infusão de drogas vasoativas e antiarrítmicas.

Segundo a AHA-2010, A oximetria deve ser monitorada para evitar problemas hemodinâmicos, de forma que seja ofertado oxigênio com manutenção da saturação ≥ 94%.

5.4 Hipertensão arterial (HAS)

Quando a pressão exercida sobre as artérias é maior do que a esperada, dá-se a hipertensão arterial. A pressão considerada normal é variável entre 120 × 90 mmHg e 120 × 80 mmHg[5].

Sinais e sintomas

Cefaleia, sudorese fria, dor em região da "nuca" (mas sem rigidez), mal-estar geral e ansiedade.

O que fazer fora do ambiente hospitalar

- Perguntar à vítima se é hipertensa e se faz algum controle ou uso de medicamento próprio.
- Mantê-la em repouso e tranquilizá-la, orientando-a sobre o que está ocorrendo.
- Encaminhá-la para atendimento médico em posto de saúde, ambulatório ou hospital.

Atendimento pré-hospitalar

- Colher as informações de quem socorreu primeiro a vítima e fazer uma rápida avaliação do caso. Quando não se tratar de trauma, a dificuldade do socorrista em identificar a causa é maior.
- Identificar-se (bem como a sua equipe de atendimento) e conversar com a vítima, o que a tranquilizará. Com isso, o atendimento torna-se mais eficiente.
- Transportar a vítima para a ambulância o mais rápido possível. Mantê-la na posição sentada, com os membros inferiores abaixo do corpo.
- Manter a vítima em repouso, com a cabeceira elevada.
- Verificar os sinais vitais.

- Na ambulância, monitorar e instalar oxímetro de pulso e verificar a pressão arterial novamente.
- Evitar o uso das sirenes nesse tipo de transporte, pois aumenta a ansiedade da vítima. O socorrista também deve saber avaliar as condições de usar ou não as sirenes da ambulância.
- Quando a vítima estiver inconsciente, o atendimento deve ser mais rápido e ágil; se necessário, realizar RCP.

Fique de olho!

- Se for auxiliar, técnico ou enfermeiro e possuir aparelho de pressão arterial (PA) próprio, verificar a PA, anotar e encaminhar os dados para atendimento médico.
- Não indicar o uso de medicamento mesmo que a vítima já utilize algum tipo.
- Os sintomas da hipertensão podem ser confundidos com os da hipotensão e, ao medicar sem indicação ou prescrição médica atual, pode ser provocado um efeito indesejável.
- Lembrar sempre que medicamento, indicação e prescrição são condutas médicas.

Assistência de enfermagem na hospitalização

- Verificar e anotar os sinais vitais com atenção especial à PA.
- Verificar PA a cada 2 horas e anotar em impresso próprio.
- Manter o paciente em local tranquilo, evitando visitas que possam ser desagradáveis e interferam no controle da pressão.
- Verificar se a dieta está de acordo, ou seja, hipossódica, atentando-se ao que se consome entre uma refeição e outra, muitas vezes por conta própria ou trazido por familiares.
- Orientar quanto ao repouso relativo no leito.
- Administrar medicamentos nos horários corretos, evitando atraso no seu ciclo de ação.
- Seguir o plano de cuidados elaborado pela(o) enfermeira(o) durante o período da hospitalização.

5.4.1 Ação medicamentosa sobre a HAS

- Nifedipina: Via de administração - sublingual. Ação - age de forma rápida, causando hipofluxo cerebral.
- Captopril: Via de administração - sublingual ou oral. Ação - diminuir a pressão arterial gradativamente sem causar danos cerebrais ao paciente.
- Hidralazina: Via de administração - endovenosa ou oral. Ação - age na musculatura do vaso, provocando vasodilatação de efeito imediato.
- Furosemida: Via de administração - oral ou endovenosa. Ação - diurético de alta potência que auxilia na diminuição da pressão.
- Ansiolíticos: Via de administração - oral, intramuscular ou endovenosa. Ação - relaxante, diminuindo a ansiedade quando a hipertensão está associada ao estresse.

5.5 Edema agudo de pulmão (EAP)

Síndrome clínica de causas diversas, sendo a mais comum a insuficiência cardíaca brusca, ocorrendo acúmulo de líquidos nos espaços alveolares e intersticiais dos pulmões.[8]

Quadro clínico

Ansiedade, agitação, dispneia, batimento da asa do nariz, cianose, sudorese fria e viscosa, palidez cutânea. O indivíduo apresenta dificuldade respiratória progressiva, ruidosa, podendo ser ouvida a distância, o que chamamos também de "sororoca". A tosse passa de seca a produtiva, com expectoração espumosa e branca. Evolui rapidamente para exaustão respiratória, hipoventilação, confusão mental, torpor e morte, por hipoxemia.

O que fazer fora do ambiente hospitalar

» Manter a vítima sentada com as pernas pendentes. Dessa forma, os pulmões ficam livres e reduz-se o retorno venoso.

» Chamar socorro médico.

» Manter as vias respiratórias livres. Afrouxar cintos, roupas íntimas e outros elementos que possam atrapalhar.

» Procurar tranquilizar a vítima, mantendo-se calmo e orientando-a sobre o que está ocorrendo.

» Arrumar lençóis, cortá-los em três tiras e fazer "garroteamento" dos membros, ou seja, amarrar uma tira de lençol em cada membro (uma perna, braço direito, braço esquerdo), deixando sempre um membro livre. Manter os membros garroteados por 10 minutos e fazer o rodízio até que chegue o socorro. O garroteamento auxilia também na redução do retorno venoso. É uma técnica menos praticada hoje em dia, devido aos grandes recursos existentes para tratamento. Porém, se necessário, deve ser feito por pessoas que tenham conhecimento e consigam controlar o tempo e o circuito corretamente. Em ambientes hospitalares, é realizado pelo médico, com auxílio da enfermagem, utilizando garrotes próprios.

» Manter o ambiente ventilado e com poucas pessoas nas proximidades.

» Não dar nenhum medicamento sem conhecimento legal para essa finalidade.

» Marcar o garroteamento e o rodízio para ser passado à equipe de atendimento.

Atendimento pré-hospitalar

» Colher as informações de quem socorreu primeiro a vítima e fazer uma rápida avaliação do caso. Quando não se tratar de trauma, a dificuldade do socorrista em identificar a causa é maior.

» Identificar-se (bem como a sua equipe de atendimento) e conversar com a vítima, o que a tranquilizará. Com isso, o atendimento torna-se mais eficiente.

- Transportar a vítima para a ambulância o mais rápido possível. Mantê-la na posição sentada, com os membros inferiores abaixo do corpo.
- Manter as vias respiratórias livres, administrando oxigênio sob conduta médica.
- Monitorar e instalar oxímetro de pulso.
- Se o garroteamento foi iniciado, dar sequência; caso contrário, iniciá-lo.
- Controlar os sinais vitais com atenção para o pulso e a pressão arterial.
- Transportar a vítima para um hospital de suporte.

Fique de olho!

- Esses procedimentos podem ser realizados por pessoal da área de enfermagem e mesmo por leigos, porém com cuidado e segurança.
- Leigos que tenham interesse em ajudar devem procurar manter-se calmos e acalmar a vítima.

Assistência de enfermagem na hospitalização

- Manter o paciente sentado com as pernas fletidas.
- Iniciar o garroteamento dos membros com garrotes próprios.
- Administrar oxigênio, com fluxo de 5 a 10 L/minuto com cateter nasal ou máscara.
- Verificar acesso venoso e, se preferir, puncionar uma veia de calibre mais grosso.
- Administrar medicamentos conforme prescrição médica.
- Deixar material de entubação arrumado e em local de fácil acesso.
- Verificar sinais vitais.
- Instalar monitor cardíaco e, posteriormente, realizar ECG.
- Após acalmar a crise, manter o paciente em posição de Fowler ligeiramente lateralizado.
- Fazer controle hídrico de acordo com orientação médica e restrição da dieta.
- Dar segmento ao plano de cuidados elaborado pela(o) enfermeira(o).

5.5.1 Ação medicamentosa sobre o EAP

- Morfina: Via de administração - endovenosa ou intramuscular. Ação - age diminuindo a frequência cardíaca e aliviando a ansiedade. Se administrada em altas doses, pode causar depressão respiratória rápida.
- Furosemida: Via de administração - endovenosa. Ação - age aumentando a filtração renal e a diurese, diminuindo assim a volemia.
- Aminofilina: Via de administração - endovenosa. Ação - por ser um broncodilatador de alta potência, melhora a oxigenação tecidual.
- Isossorbida: Via de administração - endovenosa. Ação - em razão da vasodilatação provocada, diminui a pressão nos capilares pulmonares.

» Hidrocortisona: Via de administração - endovenosa. Ação - diminui o edema.

» Dobutamina: Via de administração - endovenosa. Ação - trata-se de droga vasoativa, que contribui para o melhor acondicionamento do ventrículo esquerdo. Deve ser infundida sob controle rigoroso, em bomba de infusão própria, com monitorização da pressão e do pulso. Sua suspensão não deve ser imediata e sim ocorrer por meio do "desmame".

5.6 Emergências respiratórias

» Bronquite: inflamação aguda ou crônica dos brônquios com produção excessiva de muco. Apresenta como sintomas mal-estar geral, rouquidão, febre, tosse de início seca e depois produtiva[1,8].

» Enfisema pulmonar: acúmulo de ar entre as camadas que revestem os pulmões, podendo ocorrer dilatação dos pulmões. Apresenta como sintomas dificuldade respiratória, ruidosa, cianose de extremidades, cefaleia, fraqueza e até confusão mental. É a doença respiratória mais grave, pois pode levar a alguma complicação cardíaca[1,5,8].

» Asma brônquica: doença que se caracteriza pela dificuldade respiratória e obstrução dos bronquíolos (vias aéreas inferiores). Apresenta como sintomas sensação de peso no peito, tosse seca, ansiedade, dificuldade respiratória, sudorese, palidez e "chiados" no peito[1,5,8].

» Dispneia: dificuldade para respirar, em consequência de condições ambientais, traumas ou determinadas doenças clínicas. Obstrução das vias aéreas por algum corpo estranho ou por uma das doenças clínicas mencionadas anteriormente, como bronquite, enfisema pulmonar ou asma.

» Síndrome da Insuficiência Respiratória Aguda: pode ser causada por qualquer doença que afete diretamente os pulmões, diminuindo a concentração de O_2.

O que fazer fora do ambiente hospitalar

» Manter a vítima com a cabeceira elevada, possibilitando maior ventilação das vias aéreas.

» Se a vítima já faz uso de algum *spray* para crise, administrá-lo com eficiência, verificando se a inalação foi feita corretamente.

» Providenciar seu transporte para um posto médico ou hospital para que possa ser atendida e não haja complicação do quadro.

Atendimento pré-hospitalar

» Colher as informações de quem socorreu primeiro a vítima e fazer uma rápida avaliação do caso. Quando não se tratar de trauma, a dificuldade do socorrista em identificar a causa é maior.

» Identificar-se (bem como a sua equipe de atendimento) e conversar com a vítima, o que a tranquilizará. Com isso, o atendimento torna-se mais eficiente.

- Na ambulância, administrar oxigênio sob orientação médica, pois seu uso em alta concentração em doenças pulmonares é prejudicial.
- Verificar e monitorar os sinais vitais e instalar o oxímetro de pulso, que detectará a concentração de oxigênio circulante no momento.
- Transportar a vítima em posição de cabeceira elevada a 45°.

Fique de olho!

As orientações anteriores podem ser seguidas tanto pelo pessoal da enfermagem como por outros socorristas.

Assistência de enfermagem na hospitalização

- Manter o paciente em posição de Fowler.
- Administrar medicamentos e inalações, conforme prescrição médica.
- Observar os horários de administração de medicamentos, para que seu ciclo de ação não seja prejudicado.
- Verificar e anotar sinais vitais com atenção especial à respiração.
- Oferecer dieta leve e anotar a aceitação.
- Orientar quanto ao repouso nas primeiras horas, até que a crise se estabilize.
- O acesso venoso fica comprometido durante o pico da crise. Manter o acesso "sorolizado" e o material arrumado para novas punções, se for necessário.
- Dar segmento ao plano de cuidados elaborado pela(o) enfermeira(o).

5.7 Outras emergências

5.7.1 Epistaxe ou hemorragia nasal

Caracterizada pela saída de sangue abruptamente pelas narinas, sem causa aparente, mais comum em crianças. Já no adulto, pode estar associada ao quadro de hipertensão[1].

O que fazer fora do ambiente hospitalar

- Colocar a vítima sentada.
- Orientá-la para permanecer com a cabeça fletida para baixo, para a frente.
- Retirar os coágulos do nariz com auxílio de cotonetes ou pedir para que a vítima assoe o nariz, sem esforço, uma narina de cada vez.
- Comprimir a ponta do nariz com os dedos por 5 minutos. Orientar para que a vítima respire pela boca.

- Se a hemorragia não cessar, molhar um pedaço de algodão em água fria e comprimi-lo contra as narinas por 5 minutos.
- Procurar o serviço médico mais próximo.

Atendimento pré-hospitalar

- Colher as informações de quem socorreu primeiro a vítima e fazer uma rápida avaliação do caso. Quando não se tratar de trauma, a dificuldade do socorrista em identificar a causa é maior.
- Identificar-se (bem como a sua equipe de atendimento) e conversar com a vítima, o que a tranquilizará. Com isso, o atendimento torna-se mais eficiente.
- Manter a vítima sentada e orientá-la a permanecer com a cabeça fletida para baixo e para a frente.
- Verificar se há coágulos nas narinas e retirá-los cuidadosamente.
- Comprimir as narinas e orientar a vítima para respirar pela boca por alguns instantes. Observar e orientar a vítima para que não ingira o sangue. Caso isso ocorra, não deixar que entre em pânico.
- Transportar a vítima para a ambulância assim que o sangramento diminuir.
- Verificar e monitorar os sinais vitais e instalar oxímetro de pulso.
- Encaminhar a vítima a um hospital de suporte.

Assistência de enfermagem na hospitalização

- Manter o paciente sentado com a cabeça fletida para baixo.
- Fazer compressa fria com soro fisiológico a 0,9% nas narinas.
- Verificar e anotar sinais vitais.
- Observar e anotar aspecto de sangramento e sua duração.
- Administrar medicação conforme prescrição médica.
- Dar continuidade ao plano de cuidados traçado pela(o) enfermeira(o) responsável.

5.7.2 Edema de glote

Em consequência de algum processo em que ocorre reação alérgica e dilatação dos vasos sanguíneos, há o edema da membrana (glote), obstruindo a passagem do ar e, consequentemente, a respiração.

O que fazer fora do ambiente hospitalar

- Procurar socorro médico imediato, pois essa situação pode levar à morte.
- Os medicamentos necessários somente podem ser administrados no hospital.
- Manter a vítima em decúbito elevado.

Atendimento pré-hospitalar

- Colher as informações de quem socorreu primeiro a vítima e fazer uma rápida avaliação do caso. Quando não se tratar de trauma, a dificuldade do socorrista em identificar a causa é maior.
- Ser rápido.
- Identificar-se (bem como a sua equipe de atendimento) e conversar com a vítima, o que a tranquilizará. Com isso, o atendimento torna-se mais eficiente.
- Transportar a vítima para a ambulância o mais rápido possível.
- Durante o transporte, verificar os sinais vitais, monitorá-los e instalar oxímetro de pulso.
- Manter vias aéreas livres. Muitas vezes, é necessário realizar uma traqueostomia de urgência.
- Administrar medicamentos conforme orientação médica.
- Encaminhar a vítima a um hospital de suporte. Esse tipo de transporte deve ser feito com as sirenes ligadas.

Assistência de enfermagem na hospitalização

- Manter material de traqueostomia arrumado e em local de fácil acesso.
- Providenciar acesso venoso rápido e de "grosso calibre".
- Administrar medicamentos de urgência e com precisão, conforme orientação e prescrição médica.
- Administrar O_2 sob cateter nasal após desobstrução da via.
- Prosseguir com os planos de cuidados elaborados pela(o) enfermeira(o).

Fique de olho!

É importante estar atento a qualquer processo alérgico desencadeado pelo uso de algum medicamento ou por picada de algum inseto. Também é importante que o indivíduo portador da alergia carregue sempre consigo algum cartão que a identifique.

5.7.3 Síncope ou desmaio

Perda súbita da consciência, que pode ser de curta duração, caso em que não há necessidade de manobras específicas para recuperação. Ocorre em virtude da diminuição da atividade cerebral e pode ser classificada em:

- Vasogênica: por queda súbita da pressão arterial (PA), problema emocional, dor de qualquer espécie, esforço físico ou outras situações não comuns no dia a dia da vítima. Geralmente, ocorre quando a vítima está em pé, e é a síncope mais comum. A vítima apresenta palidez cutânea, respiração suspirosa, queixa de visão embaçada, tontura e, em seguida, desmaia.

- Metabólica: causada por distúrbios metabólicos como hiper ou hipoglicemia.
- Neurogênica: acontece em virtude da agressão ligada diretamente ao cérebro, como intoxicações exógenas, hipertensão intracraniana e traumas.

O que fazer fora do ambiente hospitalar

- Manter a vítima deitada com a cabeça abaixo do ombro por alguns minutos. Essa manobra ativa a circulação do cérebro.
- Manter a vítima longe de pessoas e curiosos. Afastá-los e deixar a vítima em local ventilado.
- Se fizer uso de roupas apertadas, soltá-las, mas não deixar a vítima despida.
- Não dar água ou outro tipo de líquido para a vítima antes que esteja totalmente acordada.
- Aguardar o socorro junto à vítima e informar algum membro da equipe de atendimento sobre o que ocorreu.

Atendimento pré-hospitalar

- Colher as informações de quem socorreu primeiro a vítima e fazer uma rápida avaliação do caso. Quando não se tratar de trauma, a dificuldade do socorrista em identificar a causa é maior.
- Identificar-se (bem como a sua equipe de atendimento) e conversar com a vítima, o que a tranquilizará. Com isso, o atendimento torna-se mais eficiente.
- Manter a vítima deitada, com a cabeça abaixo do ombro.
- Transportar a vítima para a ambulância, verificando e monitorizando os sinais vitais, instalar oxímetro de pulso e fazer um teste de glicemia.
- Se necessário, administrar oxigênio sob orientação médica.

5.7.4 Coma

O estado de coma está ligado ao nível de consciência do ser humano e suas alterações, que podem variar desde uma confusão mental por um período indeterminado até o coma profundo.

As alterações do nível de consciência são avaliadas pela escala de Glasgow (veja o Capítulo 6).

É importante que o socorrista conheça as subcategorias das alterações do nível de consciência:

- confusão mental: incapacidade de manter uma linha de raciocínio ou um pensamento com coerência; perda da noção de tempo e espaço;
- sonolência: dificuldade em se manter alerta;
- estupor: dificuldade de despertar, sem resposta adequada a estímulos verbais e dolorosos;
- coma superficial: respostas motoras desorganizadas, sem resposta ao estímulo de despertar;
- coma profundo: ausência de resposta a qualquer estímulo.

Causas de alteração no nível de consciência

- Primárias: ocorrem em nível cerebral e podem ser por traumas, por acidente vascular cerebral (AVC), por infecções como meningites e encefalites, por neoplasias e convulsões.
- Secundárias: ocorrem por algum distúrbio metabólico - hipoglicemia, cetoacidose; por encefalopatias hipóxicas, como doença pulmonar obstrutiva crônica (DPOC); por intoxicações por drogas, álcool e outros; por causas físicas e ambientais, como insolação ou hipotermia, e até mesmo por estados carenciais de determinadas vitaminas.

O que fazer fora do ambiente hospitalar

- Deixar a vítima deitada e manter sua temperatura corporal.
- Procurar socorro médico o mais rápido possível.

Atendimento pré-hospitalar

- Colher as informações de quem socorreu primeiro a vítima e fazer uma rápida avaliação do caso. Quando não se tratar de trauma, a dificuldade do socorrista em identificar a causa é maior.
- Verificar os sinais vitais.
- Observar o hálito da vítima - álcool, drogas, cetoacidose diabética. Qualquer um desses fatores possui características próprias, que podem ser detectadas por qualquer um dos socorristas.
- Se houver trauma, verificar suas causas e seus aspectos.
- Fazer um rápido exame físico, observando sinais do trauma, pulso, pupilas, nível de respiração e outros aspectos importantes para que a conduta tomada seja eficiente.
- O socorrista deve estar preparado para atender a vítima inconsciente, pois tudo se torna mais difícil.
- Manter as vias aéreas livres.
- Na ambulância, manter os parâmetros anteriores, monitorar o pulso e a pressão.

5.7.5 Emergências diabéticas

- Cetoacidose diabética: caracterizada pelo quadro clínico de hiperglicemia, desidratação e cetose, decorrente da deficiência de insulina (tipo 1). Também apresenta prostração, cansaço, náuseas e poliúria. Em virtude da acidose metabólica, a respiração passa a ser hiperventilada (respiração de Kussmaul)[3,5,8].
- Coma hiperosmolar não cetótico: caracterizado pela complicação aguda do diabetes insulinodependente (tipo 2) com intensa hiperglicemia, desidratação, ausência de cetoacidose e alteração de consciência. Pode estar associado a outra patologia de base que diminui a produção de insulina[3,5,8].
- Coma hipoglicêmico: estado em que o índice de glicose está abaixo de 40 mg/dL, em que se apresentam ansiedade, tremor, sudorese, palpitação, palidez, torpor, náuseas, cansaço, confusão mental, alterações de comportamento, convulsão e até coma[3,5,8].

O que fazer fora do ambiente hospitalar

- Em qualquer uma das situações, manter o paciente deitado.
- Verificar seu nível de consciência, fazendo perguntas e observando suas respostas.
- Verificar se é insulinodependente, se tem história anterior de diabetes e se fez uso da insulina no dia do atendimento.
- Procurar socorro médico, em um posto de saúde ou hospital, o mais rápido possível.
- Se o paciente não for diabético, não teve história semelhante anteriormente e estiver consciente, oferecer um copo de água com açúcar, ou uma bala, e procurar atendimento médico.
- Se o paciente estiver inconsciente, não dar nada para ele ingerir. Procurar socorro médico imediatamente.

Atendimento pré-hospitalar

- Colher as informações de quem socorreu primeiro a vítima e fazer uma rápida avaliação do caso. Quando não se tratar de trauma, a dificuldade do socorrista em identificar a causa é maior.
- Identificar-se (bem como a sua equipe de atendimento) e conversar com a vítima, o que a tranquilizará. Com isso, o atendimento torna-se mais eficiente.
- Na ambulância, administrar oxigênio em alta concentração, sob orientação médica.
- Em caso de vômitos, transportar a vítima em decúbito lateral esquerdo.
- Verificar e monitorar os sinais vitais, instalar oxímetro de pulso, fazer um teste de glicemia e anotar os resultados.
- Se necessário, administrar medicamentos sob orientação médica.

Assistência de enfermagem na hospitalização

- Manter o paciente em posição semi-Fowler.
- Realizar teste de glicemia capilar a cada 3 horas ou segundo orientação médica.
- Puncionar acesso venoso de grosso calibre.
- Fazer quadro do controle do teste de glicemia capilar e anotar os resultados adequadamente.
- Observar a aceitação da dieta, respeitando e orientando quanto aos intervalos das refeições.
- Aplicar o esquema de insulina conforme orientação e prescrição médicas, também anotando a quantidade e a região aplicada; fazer rodízio da aplicação.
- Atentar-se às queixas do paciente, principalmente com relação a câibras, pois o potássio pode estar diminuindo, o que pode levar à hipoglicemia rapidamente.
- Realizar balanço hídrico diário de acordo com a orientação médica.
- Avaliar constantemente o nível de consciência.

Fique de olho!

- A reposição de volume deve ser feita com soro fisiológico a 0,9%, variando de acordo com a idade e as condições do paciente. O soro glicosado também pode ser utilizado, porém sem que a insulinoterapia seja interrompida. O controle deve ser rigoroso.
- A insulinoterapia é feita com insulina regular (curta duração e ação rápida) até compensar o quadro. Pode ser administrada por via endovenosa ou intramuscular ou por infusão contínua diluída em soro fisiológico a 0,9%, com albumina humana. Caso opte-se por essa solução, é aconselhável que seja trocada a cada 6 horas, pois a insulina pode ser inativada pelo pH da solução após esse período. Devem ser trocados toda a solução e o equipo de infusão.

5.7.6 Acidente vascular cerebral (AVC)

Urgência clínica bastante comum no meio de atuação do médico e do enfermeiro, é um distúrbio do sistema cardiovascular causado por oclusão parcial ou total dos vasos que suprem o cérebro. Ocorre mais em idosos.

Tipos de AVC

- Isquêmico: ocorre pelo entupimento do vaso por um trombo ou êmbolo ou até mesmo por um tumor ou trauma. Como consequência, a oxigenação do cérebro é prejudicada parcialmente. A causa mais frequente desse tipo de AVC é a aterosclerose cerebral.
- Hemorrágico: acontece pela ruptura de um vaso sanguíneo, provocando a hemorragia cerebral. O cérebro fica comprometido pela falta de oxigênio circulante e a pressão intracraniana aumenta. É mais grave do que o AVC isquêmico.

Sinais e sintomas

Cefaleia acompanhada de tontura, confusão mental, perda da função de um dos lados do corpo, paralisia facial, alteração dos sinais vitais, pulso rápido e respiração difícil, crise convulsiva e até coma.

O que fazer fora do ambiente hospitalar

- Manter vias aéreas livres.
- Manter a vítima em repouso.
- Chamar por socorro médico.

Atendimento pré-hospitalar

- Colher as informações de quem socorreu primeiro a vítima e fazer uma rápida avaliação do caso. Quando não se tratar de trauma, a dificuldade do socorrista em identificar a causa é maior.
- Identificar-se (bem como a sua equipe de atendimento) e conversar com a vítima, o que a tranquilizará. Com isso, o atendimento torna-se mais eficiente.
- Verificar sinais vitais e nível de consciência.

- Manter a vítima aquecida.
- Na ambulância, monitorar os sinais vitais, utilizando monitor e oxímetro de pulso.
- Administrar oxigênio sob orientação médica.

5.7.7 Crise convulsiva

Podemos considerar crise convulsiva como um "desarranjo" do sistema cerebral por um período rápido de tempo. O cérebro deixa de funcionar por alguns instantes e envia seus estímulos para o restante do corpo, dando início às crises. A epilepsia caracteriza-se por crises convulsivas repetidas ao longo de determinado tempo, o que a diferencia da crise convulsiva rotineira, exigindo a necessidade de investigar a causa. A crise convulsiva pode ser parcial, quando as alterações são restritas a determinada parte do cérebro, ou generalizada, quando envolve o cérebro todo.

Causas

Traumas cranioencefálicos (TCE), infecções, neurocisticercose, hipertermia, tumores cerebrais e uso abusivo de álcool e drogas.

Sinais e sintomas

- Geralmente, a vítima solta um grito, acompanhado da perda do nível de consciência.
- Enrijecimento do corpo acompanhado de tremores na cabeça, na face e nos membros superiores e inferiores ao mesmo tempo.

O que fazer fora do ambiente hospitalar

- Deitar a vítima antes que sofra uma queda.
- Manter a cabeça lateralizada, protegida do chão, para que não sofra traumas.
- Proteger a boca com um tecido ou uma toalha para que não morda os lábios.
- Afrouxar roupas, principalmente gravatas e colarinhos, no caso de homens, e retirar adereços e bijuterias, em mulheres.
- Não se opor aos movimentos. Deixar que se acalmem e a vítima volte ao seu estado normal.
- A consciência volta aos poucos. Assim que recuperar a consciência, explicar à vítima o que aconteceu e tranquilizá-la.
- Geralmente, a crise é rápida, mas é preciso cronometrar seu tempo de duração e anotar.

Atendimento pré-hospitalar

- Colher as informações de quem socorreu primeiro a vítima e fazer uma rápida avaliação do caso. Quando não se tratar de trauma, a dificuldade do socorrista em identificar a causa é maior.
- Identificar-se (bem como a sua equipe de atendimento) e conversar com a vítima, o que a tranquilizará. Com isso, o atendimento torna-se mais eficiente.

» Verificar sinais vitais.

» Transportar a vítima em local próprio e de modo seguro.

» Na ambulância, monitorar e instalar oxímetro de pulso.

» Administrar oxigênio e medicamentos conforme orientação médica.

5.7.8 Arritmias

As arritmias cardíacas são distúrbios na geração, condução e/ou propagação do impulso elétrico no coração. Se não identificadas e tratadas precocemente, poderão evoluir para a parada cardíaca. Identificá-las e tratá-las de forma adequada são prioridades do atendimento de emergência, pois as arritmias são letais e podem levar à morte súbita.

São tipos de arritmia: fibrilação ventricular (FV); taquicardia ventricular (TV) sem pulso; atividade elétrica sem pulso (AESP); e assistolia.

Tratamento e cuidado de enfermagem

» As taquiarritmias que provocam instabilidade hemodinâmica devem ser tratadas de forma imediata - com choque elétrico (na FV e na TV) e desfibrilação (exceto na assistolia e na AESP).

» Para evitar falhas, utilizar sempre o protocolo da linha reta: observar se os cabos estão conectados ao monitor cardíaco de forma correta.

» Verificar se o ganho do monitor cardíaco está aumentado.

» Checar o ritmo cardíaco em duas derivações (p. ex.: passando de DII para DIII).

» Manter o paciente estável.

Outras doenças estão presentes no dia a dia e requerem do profissional de enfermagem habilidade para lidar com elas. A dor torácica, o desconforto respiratório e cefaleias podem ser o princípio de alguma forma de descompensação do nosso organismo. Fique atento a esses sinais e sintomas e procure tranquilizar o paciente em qualquer situação.

Vamos recapitular?

Neste capítulo, você estudou diversas intercorrências clínicas, com ênfase na PCR, por ser a principal e a maior causa de morte no país.

Obteve informações a respeito das urgências e emergências cardiovasculares, da HAS, do EAP e de outras intercorrências clínicas, e sobre a atuação da enfermagem em diversas situações.

Agora é com você!

1) Em outubro de 2010, houve a publicação de "Destaques das Diretrizes da American Heart Association (AHA) 2010", que enfatizava as principais alterações para a RCP e o atendimento cardiovascular de emergência (ACE). Pesquise sobre o assunto e verifique se os hospitais da sua região seguem esses protocolos.

2) É correto afirmar que em crianças a maior causa de morte é por asfixia, e não PCR primária súbita? Pesquise sobre o assunto e discuta com seu professor e seus colegas.

3) Defina FV, TV, AESP e assistolia.

4) Faça um estudo sobre a RCP e o DEA, dentro dos propósitos da AHA 2010, para realização e/ou uso pela população leiga.

5) Descreva uma das "outras intercorrências clínicas".

6) Faça uma revisão das etapas de tratamento da PCR e treine as manobras no manequim da escola. Esse procedimento deve ser acompanhado por um professor.

5.8 Referências bibliográficas

1. RIZZO, A. *et al. Plantão médico:* urgência e emergência. São Paulo: EBS, 1998.
2. SOUZA, L. V.; BARBOSA, M. L. J. *Primeiros socorros:* princípios básicos. São Paulo: Cabral, 1999.
3. SOARES, L. M. C. A. *et al. Manual do curso de atendimento avançado em emergência para enfermeiros.* São Paulo: Secretaria de Estado da Saúde, 1996.
4. LOPEZ, M. *Emergências médicas.* 5. ed. Rio de Janeiro: Guanabara Koogan, 1989.
5. POTTER, P. A.; PERRY, A. G. *Grande tratado de enfermagem prática:* clínica e prática hospitalar. 3. ed. São Paulo: Santos, 2001.
6. HOOD, G. H.; DINCHER, J. R. *Fundamentos e prática de enfermagem:* atendimento completo ao paciente. 8. ed. Porto Alegre: Artes Médicas, 1995.
7. FORTES, J. I. *et al. Curso de especialização profissional de nível técnico em enfermagem.* Livro do aluno: urgência e emergência. São Paulo: Fundap, 2010.
8. MINISTÉRIO DA SAÚDE. Política Nacional de Atenção às Urgências. *Série E* - Legislação de Saúde. 3. ed. ampliada. Brasília: Editora do Ministério da Saúde, 2006.

6

Traumatismos

Para começar

O trauma é definido como um conjunto de perturbações causadas subitamente por um agente físico, de etiologia, natureza e extensão muito variadas[9].

Neste capítulo, você ampliará seus estudos sobre o atendimento à vítima de trauma em seus variados graus de complexidade, a cinemática do trauma, a avaliação do paciente e os procedimentos envolvidos, bem como a prestação dos cuidados de enfermagem em situações de urgência e emergência.

O objetivo deste capítulo é que saiba identificar e atuar de forma rápida e eficaz nos diversos traumatismos que possam ocorrer.

Vamos aos estudos!

6.1 Conceitos básicos

As lesões traumáticas geralmente ocorrem em obediência a padrões previsíveis e são, portanto, passíveis de prevenção (p. ex.: os acidentes automobilísticos).

Considerado a terceira causa de morte no mundo, perdendo apenas para as doenças cardiovasculares e o câncer, o trauma atinge uma população jovem e em fase produtiva, gerando sofrimento e prejuízo financeiro para o Estado, que arca com as despesas de assistência médica e reabilitação, custos administrativos, seguros, destruição de bens e propriedades e, ainda, encargos trabalhistas[10].

Embora as estatísticas mostrem incidência maior de trauma em grandes centros urbanos, ele vem ocorrendo também em municípios menores, principalmente naqueles próximos às grandes rodovias. Essa situação reflete diretamente nos serviços locais de saúde, com necessidade cada vez maior de profissionais qualificados para esse tipo de atendimento[10].

Atualmente, o atendimento às vítimas de trauma é realizado com base no protocolo internacional denominado *Advanced Trauma Life Support*, conhecido mundialmente pela sigla ATLS, criado pelo American College of Surgeons, em virtude do benefício que trouxe para o prognóstico do traumatizado grave, consequentemente modificando as estatísticas de morbimortalidade[10].

O protocolo é utilizado para as diferentes faixas etárias, respeitando as diferenças anatômicas, o peso e os parâmetros vitais de cada indivíduo.

Fique de olho!

Encontramos com frequência a ausência de ferimentos, escoriações e fraturas em mecanismos que envolvem grandes acidentes, o que não significa que não há lesões internas. Daí a importância de se conhecer o mecanismo do trauma, realizar um exame primário minucioso e monitorar os parâmetros vitais e as queixas do paciente, mantendo-o em observação até que as lesões com risco de morte e/ou sequelas possam ser descartadas.

Os traumatismos são as urgências e emergências mais frequentes e de maior envolvimento da área da saúde. Veremos, no decorrer deste capítulo, os traumas mais comuns e o que é possível fazer para melhorar a sobrevida desses pacientes.

Entre os traumatismos, destacam-se: abdominal, de tórax, craniano, de extremidades, raquimedular e de face.

6.2 Traumatismos abdominais e intra-abdominais

O traumatismo abdominal é responsável por um grande número de mortes, muitas vezes evitáveis.

A cavidade intraperitoneal (abdome), a cavidade torácica e o espaço retroperitoneal são os locais do organismo que comportam sangramentos, podendo levar a choque hemorrágico quando não detectados a tempo.

Os sintomas abdominais relacionados ao traumatismo muitas vezes são confundidos com lesões associadas com dor referida ou por alterações do nível de consciência, principalmente decorrentes do trauma craniano, o que dificulta a sua avaliação. Portanto, uma avaliação rigorosa do abdome e uma correta orientação reduzem os erros na interpretação e os impactos desfavoráveis na evolução do paciente.

Nos casos em que há colisões automobilísticas, as seguintes informações são fundamentais para antecipar o padrão de lesões e agilizar o diagnóstico e a conduta do socorrista:

» tipo de colisão - frontal, lateral, traseira, angular ou capotamento;
» localização e intensidade da deformação externa do veículo;

- presença de vítimas ejetadas;
- morte de um dos ocupantes do veículo;
- uso do cinto de segurança;
- grau de deformação do espaço interno do veículo ocupado pelas vítimas;
- posicionamento das vítimas dentro do veículo.

Já nas colisões mobilísticas (com moto), é importante a informação sobre o uso e o tipo de capacete utilizado pela vítima, a superfície onde ocorreu o trauma e outros eventos relacionados ao trauma, como a ejeção e o atropelamento subsequente.

No caso de quedas, as informações sobre a altura envolvida, a superfície onde ocorreu o trauma antes de atingir o solo e a parte do corpo que sofreu primeiro o impacto são fundamentais.

Já para os ferimentos penetrantes por arma branca, é fundamental saber o sexo do agressor, o número de lesões, o lado e a posição do corpo atingidos e o tipo, tamanho e diâmetro da arma.

Para os ferimentos penetrantes por arma de fogo, informações sobre tipo e calibre da arma, distância de disparo, número de lesões e locais do corpo atingidos e o exame dos orifícios de entrada e/ou saída dos projéteis auxiliam na individualização das decisões.

Qualquer uma das formas apresentadas pode caracterizar um trauma abdominal, que deve ser identificado imediatamente pelo socorrista.

Os traumatismos abdominais são graves, pois podem esconder lesões viscerais, contribuindo para alterações complicadas no quadro da vítima, como peritonites ou hemorragias internas, levando a choque e, consequentemente, à morte.

Normalmente, as contusões abdominais podem vir acompanhadas de outras contusões graves, como lesão de tórax.

O trauma abdominal se classifica em aberto, podendo ser penetrante ou perfurante, e fechado, também conhecido como contuso.

6.2.1 Trauma abdominal aberto

Geralmente, é caracterizado por ferimentos de arma de fogo (FAF) ou arma branca (FAB). Os traumatismos penetrantes são sérios e, muitas vezes, necessitam de cirurgia. A velocidade com que o projétil (bala) penetra no corpo determina o grau de dano e a lesão no tecido e no órgão envolvidos[1,4]. Em geral, afetam o peritônio, permitindo a comunicação da cavidade abdominal com o meio externo, porém não ocorre lesão visceral.

O ferimento por arma de fogo comumente torna-se um caso de intervenção cirúrgica, enquanto aquele por arma branca pode ser controlado por tratamento conservador, dependendo do seu grau e de sua extensão.

Já os traumatismos por material perfurante passam a ser mais graves que os penetrantes, pois há lesão visceral.

Dependendo do tipo de lesão abdominal, e de haver ruptura ou laceração de algum órgão ou víscera, podem extravasar fezes, alimento, bile, suco gástrico ou urina, provocando peritonite. Já em estruturas sólidas, como fígado, baço, pâncreas e rins, ocorre hemorragia interna, o que dificulta o trabalho de toda a equipe.

O que fazer fora do ambiente hospitalar

- Pedir para alguém chamar socorro médico enquanto atende a vítima.
- Manter a vítima deitada.
- Avaliar o local da lesão, observando dano tecidual e sangramento.
- Conversar com a vítima, avaliando seu estado de consciência.
- Orientar e informar quanto ao seu estado e comunicar que já chamou socorro médico, o que a tranquilizará.
- Afrouxar as roupas.
- Procurar manter a vítima calma, pois seu estado de ansiedade pode agravar a dor e a respiração.
- Manter as vias aéreas superiores livres.
- Orientar para lateralizar a cabeça, caso tenha queixa de ânsia ou apresente vômito, para evitar que aspire.
- Providenciar toalha ou lençol limpos e comprimir o local da lesão.
- Evitar que outros "curiosos" atendam a vítima com você. Caso isso não possa ser evitado, pedir para seguirem apenas sua orientação.
- Manter-se seguro e calmo durante todo o atendimento, pois isso é importante para a vítima.
- Caso a vítima esteja inconsciente, mantê-la deitada, com a cabeça lateralizada, comprimir o local com toalhas ou lençol limpos e aguardar socorro médico.
- Em qualquer das situações, não movimentar a vítima antes que o socorro médico chegue ao local.

Fique de olho!

As orientações anteriores devem ser seguidas por pessoal da área de enfermagem e pessoal treinado em urgência ou por leigos, quando orientados por um deles.

Atendimento pré-hospitalar

- Colher as informações de quem socorreu primeiro a vítima e fazer uma rápida avaliação do caso.
- Identificar-se (bem como a sua equipe de atendimento) e conversar com a vítima, o que a tranquilizará. Com isso, o atendimento torna-se mais eficiente.

- Fazer um rápido exame físico na vítima e avaliar o tipo e a causa do trauma.
- Verificar os sinais vitais.
- Identificar o tipo de trauma e providenciar um curativo local utilizando material estéril.
- No caso de evisceração, manter o local com compressa estéril e embebido em soro fisiológico, protegendo-o com plástico estéril próprio para esses casos.
- Não tentar reintroduzir a víscera no abdome.
- Transportar a vítima para a ambulância em local próprio e dar sequência ao atendimento de acordo com orientações médicas.
- Monitorar a vítima, instalar oxímetro de pulso e administrar oxigênio até 15 L por minuto de acordo com a conduta médica.
- Manter a vítima aquecida.
- Em casos de objetos que penetrem no abdome, como pedaços de ferro, madeira ou outro tipo, não retirá-los. Cortá-los, se necessário, e tentar fixá-los para que não se movimentem durante o transporte, causando mais dor e sangramento. Esses tipos de materiais devem ser retirados somente em centro cirúrgico, onde é possível controlar o sangramento e evitar o estado de choque.
- Manter a vítima em repouso dorsal e transportá-la o mais rápido possível para o hospital, caso esteja inconsciente.

Assistência de enfermagem na hospitalização

- Manter a vítima em maca própria, na sala de urgência/emergência.
- Verificar seu nível de consciência.
- Manter a cabeça lateralizada.
- Administrar oxigênio sob cateter nasal ou máscara até 10 L/minuto.
- Retirar vestimentas próximas do local lesado.
- Avaliar a lesão e verificar o tipo de ferimento e sangramento. Se por arma de fogo, localizar a entrada e a saída do(s) projétil(eis).
- Verificar sinais vitais e monitorizar o paciente.
- Puncionar acesso venoso de calibre grosso, colher amostras de sangue e administrar volume hídrico conforme orientação médica ou protocolo local de atendimento de emergência.
- Limpar com soro fisiológico a 0,9% o local lesado.
- Fazer sondagem (vesical e/ou gástrica) se necessário e de acordo com a orientação da(o) enfermeira(o).
- Proteger as vísceras com compressas estéreis embebidas em solução fisiológica, se houver evisceração.
- Dar continuidade aos planos de cuidados traçados pela(o) enfermeira(o) responsável.

» Providenciar a transferência do paciente da sala de emergência para outro local predeterminado.

» Se o ferimento foi por arma branca, de pequena intensidade de tecido lesado, providenciar a limpeza do local com soro fisiológico a 0,9%, auxiliar na sutura (se necessário e indicado) e realizar curativo local, mantendo-o oclusivo, de acordo com a área, com gases estéreis e/ou bandagens.

6.2.2 Trauma abdominal contuso ou trauma fechado

Qualquer tipo de trauma contra a região abdominal que não tenha continuidade da parede abdominal com nenhum outro órgão. Pode estar associado à fratura da pelve (bacia), levando a grande perda de sangue para a cavidade abdominal ou retroperitônio.

A maioria decorre de acidentes automobilísticos, quedas e golpes aplicados no abdome, cuja lesão torna-se oculta e de difícil identificação. Costuma ser mais sério e grave que o traumatismo aberto e geralmente acomete órgãos como fígado, rim, baço e pâncreas. Pode ser direto, como lesões por impacto contra o cinto de segurança, e indireto, lesões por mecanismo de aceleração e desaceleração, causando impacto do abdome contra outro fator de risco (p. ex.: o painel do carro).

A vítima apresenta como queixa principal dor em região abdominal, de forte intensidade, localizada, que aumenta ao ser manipulada e pode estar acompanhada de sudorese e tremor de extremidades[1,4].

O que fazer fora do ambiente hospitalar

» Manter a vítima deitada.

» Pedir para alguém chamar o socorro médico.

» Tentar avaliar o que aconteceu no local, se foi queda, acidente, se está presa a algum objeto - enfim, fazer uma análise rápida da situação.

» Verificar o nível de consciência fazendo perguntas à vítima.

» Manter vias aéreas superiores livres e observar a respiração.

» Afrouxar as roupas da vítima.

» Evitar manipular ou movimentar a vítima.

» Manter-se calmo e tranquilizar a vítima. Contar a ela o que aconteceu e que precisará de sua ajuda.

» Manter a vítima deitada, caso esteja inconsciente, com a cabeça ligeiramente elevada e lateralizada, e aguardar o socorro ao lado dela, em constante observação.

» Aguardar o socorro médico para que a vítima seja removida com segurança.

Fique de olho!

As orientações apresentadas devem ser seguidas por pessoas com conhecimento do assunto. No caso de leigos, apenas chamar socorro médico com urgência.

Atendimento pré-hospitalar

- Colher as informações de quem socorreu primeiro a vítima e fazer uma rápida avaliação do caso.
- Identificar-se (bem como a sua equipe de atendimento) e conversar com a vítima, o que a tranquilizará. Com isso, o atendimento torna-se mais eficiente.
- Fazer um rápido exame físico na vítima e avaliar o tipo e a causa do trauma.
- Checar os sinais vitais.
- Verificar o nível de consciência, fazendo perguntas à vítima.
- Manter vias aéreas superiores livres e observar a respiração.
- Observar características da dor.
- Elevar a cabeceira da vítima e mantê-la ligeiramente lateralizada, após descartar outro tipo de trauma em coluna.
- Transportar a vítima para a ambulância em local próprio e dar sequência ao atendimento de acordo com orientações médicas. Vítimas com sangramento devem ter prioridade de atendimento e transporte.
- Administrar oxigênio em uma vasão de até 15 L/minuto de acordo com a conduta médica.
- Monitorar a vítima e instalar oxímetro de pulso.
- Transportar a vítima com os membros inferiores elevados, se houver sinais de choque.
- Manter a vítima aquecida.
- Manter a vítima em repouso dorsal e transportá-la o mais rápido possível para o hospital, caso esteja inconsciente.

Assistência de enfermagem na hospitalização

- Manter o paciente em maca própria, não movimentá-lo ou manipulá-lo desnecessariamente.
- Verificar sinais vitais e nível de consciência e monitorizar o paciente.
- Administrar oxigênio contínuo sob cateter nasal ou máscara até 10 L/minuto.
- Puncionar acesso venoso de grosso calibre, colher amostras de sangue e administrar volume hídrico conforme orientação médica ou protocolo local de atendimento de emergência.
- Retirar vestimentas próximas da região lesada.
- Preparar material para lavado peritoneal.
- Dar continuidade aos planos de cuidados traçados pela(o) enfermeira(o) responsável.
- Providenciar a transferência do paciente da sala de emergência para outro local predeterminado.

Fique de olho!

- Independentemente do tipo de trauma abdominal, manter-se calmo.
- Não remover a vítima do local, a não ser que esteja correndo risco de vida onde está. Nesse caso, fazer isso com cuidado e com auxílio de outras pessoas, sempre protegendo o local lesado.
- Nas salas de emergência, é aconselhável colher, na hora da punção venosa, 1 tubo para glicemia, 2 tubos para hemograma e 2 tubos secos, reservando para o banco de sangue uma amostra, se necessário (um para hemograma e um seco). Os demais devem ser enviados ao laboratório.
- Vários hospitais já trabalham com protocolos de atendimento em emergência para cada vítima, o que facilita o atendimento e agiliza no diagnóstico e no tratamento a ser seguido.

6.2.3 Sinais e sintomas do trauma abdominal

Independentemente do tipo de trauma abdominal que a vítima apresentar, alguns sinais e sintomas mostram a situação em que a vítima se encontra e o socorrista pode identificar o tipo de lesão: dor de média ou de forte intensidade, localizada na região abdominal, porém sem um local predeterminado; quando houver evisceração e/ou eliminação de secreção, como fezes, é mais fácil identificar o tipo de órgão lesado; diminuição do nível de consciência; dor à palpação local; sudorese; alteração da pressão arterial para hipotensão; hematoma local; hemorragia interna, até horas depois do trauma; palidez cutânea; pulso rápido e fino; cianose de extremidades; rigidez do abdome (ou o que chamamos de "abdome em tábua"); equimose escrotal; e sangramento por vias baixas.

6.2.4 Indicações cirúrgicas do trauma abdominal

A cirurgia indicada é a laparotomia exploradora, e achados clínicos para que seja realizada são:

- evidência de ferimento penetrante abdominal em paciente com instabilidade hemodinâmica;
- hipotensão mesmo com infusão de líquidos endovenosos;
- sinais evidentes de irritação peritoneal;
- empalamento de objetos (arma branca ou outros) no abdome;
- sangramento do estômago e reto em ferimentos penetrantes;
- pneumoperitônio na radiografia simples de tórax com cúpulas ou de abdome;
- sinais radiológicos de lesão diafragmática;
- lesão de alguma víscera revelada pela tomografia computadorizada;
- evidência de lesão nos exames radiológicos contrastados, como extravasamento intraperitoneal em lesões de bexiga, extravasamento de contraste em lesões de uretra, extravasamento de contraste em lesões esofágicas, gástricas ou duodenais.

Parte desses achados clínicos é encontrada no exame físico realizado na hora do primeiro atendimento, mas somente os exames radiológicos e a laparotomia exploradora constatam a lesão correta do ferimento e sua gravidade.

6.3 Traumatismo de tórax

O trauma torácico também pode ser caracterizado por ferimentos penetrantes ou contusos, como o traumatismo intra-abdominal. Também é grave e afeta a respiração normal do indivíduo[1-4].

O traumatismo de tórax está dividido em lesões que implicam risco imediato à vítima, avaliadas no exame primário, e risco potencial à vítima, avaliadas no exame secundário.

Classificação

- Quanto ao tipo de lesão: aberta - causado por FAF ou FAB, ou fechada - denominada contusão.
- Quanto ao agente causador: FAF, FAB ou acidentes automobilísticos.
- Quanto à manifestação clínica: pneumotórax, hemotórax ou tamponamento cardíaco, como lesão de grandes vasos.

Lesões específicas

- Contusão pulmonar: principal consequência do impacto direto. Está ligada a lesões da parede torácica.
- Fraturas de arcos costais: comprometem diretamente a função ventilatória, em virtude de três motivos - dor, defeito costal e movimentos paradoxos.
- Outras fraturas: como de escápula e de esterno.
- Lesão de aorta: a principal causa de morte no traumatismo de tórax. Geralmente, ocorre por esmagamento do tórax contra uma superfície. Ao exame de raio X, observa-se o desvio de traqueia.
- Lesão cardíaca: letal, ocorre por compressão direta pelo esterno. Os principais sintomas são distensão de jugular, cianose de extremidades superiores e hipotensão.
- Lesão de vias aéreas: sendo os principais sintomas enfisema subcutâneo, dispneia intensa e os sintomas do próprio pneumotórax.
- Lesão do diafragma: detectada na toracoscopia, apresenta um abaulamento na região.

O que fazer fora do ambiente hospitalar

- Pedir para alguém chamar o socorro médico enquanto estiver atendendo a vítima.
- Fazer uma rápida avaliação do que aconteceu e de como a vítima se feriu.
- Manter a vítima deitada com a cabeça pouco elevada, para que a respiração seja eficiente, ou seja, manter as vias aéreas superiores livres.
- Após analisar o estado da vítima, sua respiração e o que ocorreu, tentar acomodá-la de forma que se mantenha segura e ficar atento à respiração.
- Afrouxar as roupas.
- Procurar acalmar a vítima.

- Se houve queda de algum tipo de material sobre a vítima, como ferramentas, tijolos, tanques e outros, removê-lo o mais rápido possível e não movimentar a vítima, mantendo-a no local.
- Verificar seu nível de consciência e fazer perguntas que a localizem no tempo e no espaço.
- Se a vítima estiver inconsciente, mantê-la deitada, com a cabeça ligeiramente elevada e lateralizada.
- Observar constantemente a respiração.
- Se houver sangramento em região torácica, comprimir o local com lenço, toalha ou lençol.
- Aguardar o socorro médico junto à vítima.

Fique de olho!

As orientações anteriores devem ser seguidas por pessoas com conhecimento do assunto. Leigos devem apenas chamar socorro médico com urgência.

Atendimento pré-hospitalar

- Colher as informações de quem socorreu primeiro a vítima e fazer uma rápida avaliação do caso.
- Identificar-se (bem como a sua equipe de atendimento) e conversar com a vítima, o que a tranquilizará. Com isso, o atendimento torna-se mais eficiente.
- Fazer a avaliação primária da vítima.
- Checar os sinais vitais, como pressão arterial e pulso.
- Verificar o nível de consciência, fazendo perguntas à vítima.
- Manter vias aéreas superiores livres e observar a respiração.
- Transportar a vítima para a ambulância em condições próprias e seguras.
- Monitorizar, instalar oxímetro de pulso e administrar oxigênio sob orientação médica.
- Avaliar a lesão torácica.
- Observar sinais de insuficiência respiratória.
- Verificar se houve fratura de costela ou esterno ou afundamento da caixa torácica.
- Observar presença de pneumotórax ou hemotórax.
- Manter a vítima aquecida.
- Manter a vítima em repouso dorsal e transportá-la o mais rápido possível para o hospital, caso esteja inconsciente.

Assistência de enfermagem na hospitalização

- Manter o paciente em maca própria - não movimentá-lo ou manipulá-lo desnecessariamente.
- Verificar sinais vitais.

- Administrar oxigênio contínuo sob cateter nasal ou máscara até 10 L/minuto.
- Retirar vestimentas próximas do local da lesão e as demais, se necessário.
- Instalar oxímetro de pulso, pois a monitorização será difícil por causa do local lesado (tórax).
- Puncionar acesso venoso de grosso calibre, colher amostras de sangue e manter hidratação conforme orientação médica ou protocolo local.
- Preparar material para toracocentese, drenagem pleural ou pericardiocentese, de acordo com a conduta médica e o diagnóstico apresentado.
- Deixar material de intubação em local de fácil acesso e visualização.
- Dar continuidade aos planos de cuidados traçados pela(o) enfermeira(o) responsável e pela equipe médica.
- Providenciar a transferência do paciente da sala de emergência para outro local predeterminado.

6.4 Traumatismo cranioencefálico (TCE)

Lesão decorrente de algum trauma na região do encéfalo (parte interna do crânio). Por ser muito grave, portanto o atendimento de urgência é de extrema importância, vital para a vítima. Os ossos do crânio são espessos, duros e têm a função de proteger o cérebro, mas, mesmo assim, sofrem sérias lesões quando ocorre um trauma..

Os TCE podem ser classificados em aberto ou fechado[3,5,8].

- Aberto: ferimento com materiais/objetos penetrantes, como arma de fogo, quando ocorre, consequentemente, a fratura do crânio.
- Fechado: impacto sofrido pelo encéfalo sem acompanhamento da fratura do crânio.

O TCE é uma das principais causas de morte em acidentes automobilísticos, envolvendo, principalmente, vítimas jovens.

6.4.1 Classificação das lesões

- Leves ou "concussões": caracterizadas por perda de consciência bem rápida, com ligeira amnésia que pode durar aproximadamente 1 hora. O quadro clínico pode vir acompanhado de ansiedade, tontura e mal-estar geral, podendo persistir por mais alguns dias. A recuperação da amnésia ocorre em minutos após o trauma[3,5,8].
- Intermediárias: caracterizadas por períodos médios de inconsciência, podendo durar 1 hora ou mais. A recuperação é mais lenta, com ocorrência de sonolência por até 1 semana após o trauma, agitação, tontura e cefaleia[3,5,8].
- Graves: podem ocorrer posteriormente à lesão leve ou intermediária, horas após a lesão, caracterizadas por inconsciência profunda, edema ou hemorragia cerebral, detectada pela tomografia cerebral. São as mais graves e preocupantes, pois o paciente pode estar bem e entrar em um quadro de coma profundo logo em seguida[3,5,8].

6.4.2 Classificação das fraturas de crânio

- » Lineares: fraturas simples, detectadas nas radiografias de crânio, não requerem tratamento específico. Pode ocorrer hemorragia epidural, se a fratura for próxima às linhas de sutura e arteriais[3].
- » Com depressão óssea: percebidas a olho nu e palpação local, podem ser consideradas emergenciais cirúrgicas ou não (Figura 6.1). Podem ocorrer convulsões e agitação psicomotora[3].
- » Abertas: fraturas que ocorrem com o rompimento da dura-máter, permitindo comunicação entre a lesão do couro cabeludo e o tecido cerebral. A massa cerebral ou o liquor podem ser vistos na lesão. A cirurgia é inevitável[3].

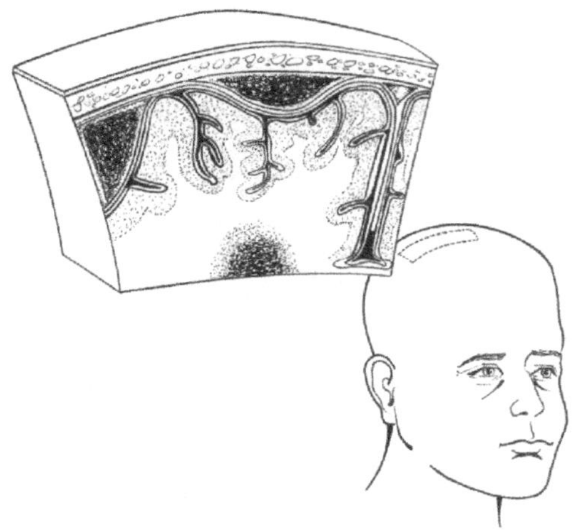

Figura 6.1 - Fratura de crânio com depressão óssea.

- » De base de crânio: geralmente não são visualizadas em radiografias comuns, como raios X. O exame físico imediato e local pode ser mais rápido e eficiente. A vítima apresenta[3]:
  - › rinorreia: perda de liquor ou sangue pelas narinas;
  - › otorreia ou otoliquorreia: perda de liquor ou sangue pelos ouvidos;
  - › "olhos de guaxinim": equimose ou hematoma periorbital;
  - › sinal de Battle: equimose ou hematoma na região do mastoide;
  - › sinal de duplo anel: presença de liquor e sangue no nariz e/ou nos ouvidos. Pode ser realizado o teste do lenço de papel para ter certeza: o lenço de papel, em contato com a secreção drenada, forma um anel central de sangue e, ao redor, um anel de liquor.

Fique de olho!

Em caso de fratura de base de crânio, é contraindicada sondagem nasogástrica, pois pode haver falso trajeto da sonda. Já quando ocorrer o sinal de duplo anel, é contraindicada entubação gástrica e/ou traqueal por via nasal.

É preciso considerar TCE grave quando a vítima apresentar os seguintes sinais e sintomas, independentemente da escala de Glasgow: assimetria das pupilas; assimetria motora; fratura de crânio com perda de liquor; sangue ou perda de massa encefálica; ou afundamento de crânio.

O atendimento às vítimas com TCE deve seguir protocolos locais dos grupos e equipes de atendimento a pacientes desse tipo, contudo é preciso primeiro conhecer o protocolo básico, conforme a Tabela 6.1:

Tabela 6.1 - Protocolo básico de atendimento às vítimas com TCE

Avaliação primária	Avaliação secundária
1) ABCD: vias aéreas, respiração, circulação e hemorragia, avaliação neurológica e exposição 2) Imobilização da coluna cervical 3) Rápido exame neurológico: resposta verbal, alerta, sem resposta, avaliação pupilar, avaliação sensomotora	1) Inspeção: lacerações, ferimentos, saída de secreção 2) Palpação: fraturas, lacerações com fraturas 3) Classificação da escala de Glasgow 4) Palpação da coluna cervical 5) Reavaliação contínua

6.4.3 Classificação das hemorragias cranianas

» Hemorragias meníngeas: dividem-se em epidural aguda, subdural aguda e subaracnoideas, e ocorrem após traumas ou não[3,5].

› Epidural aguda: lesão em uma artéria da dura-máter, geralmente a artéria meníngea média. Há perda da consciência com intervalos de lucidez, depressão do nível de consciência, hemiparesia do lado da hemorragia e dilatação e fixação da pupila do lado em que ocorreu a hemorragia[3,5,8].

› Subdural aguda: entre a dura-máter e o córtex cerebral. Pode ser acompanhada de fratura de crânio[3,5,8]. O prognóstico não é favorável na maioria dos casos.

› Subaracnoideas: hemorragias acompanhadas de liquor sanguinolento e irritação das meníngeas[3,5,8]. O paciente apresenta cefaleia intensa e fotofobia.

» Hemorragias cerebrais: ocorrem em qualquer região do cérebro, acompanhadas de déficit neurológico (Figura 6.2). O prognóstico e a gravidade do déficit neurológico dependerão da localização e da extensão da hemorragia[3,5,8].

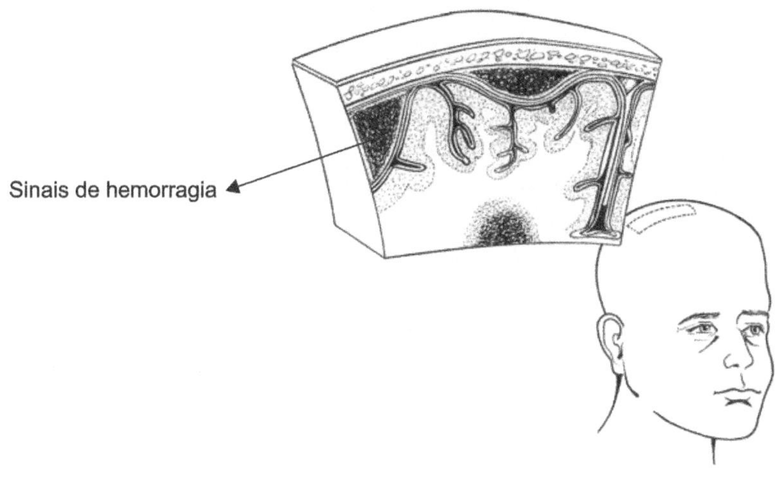

Figura 6.2 - Identificação de hemorragia cerebral.

O que fazer fora do ambiente hospitalar

- Pedir para alguém chamar o socorro médico enquanto atende a vítima.
- Fazer uma rápida avaliação do que aconteceu no local.
- Observar a vítima e ver o que é possível fazer.
- Não remover a vítima do local e não tentar "acertar" seu corpo no chão, pois pode haver outro ferimento e agravar o seu estado.
- Observar o nível de consciência e fazer perguntas que a localizem no tempo e no espaço.
- Geralmente, as vítimas com trauma de crânio estão inconscientes, portanto o cuidado deve ser maior.
- Proteger o ferimento com lenço ou toalha e aguardar o socorro médico.

Atendimento pré-hospitalar

- Colher as informações de quem socorreu primeiro a vítima e fazer uma rápida avaliação do caso.
- Identificar-se (bem como sua equipe de atendimento) e conversar com a vítima, o que a tranquilizará. Com isso, o atendimento torna-se mais eficiente.
- Fazer as avaliações primária e neurológica inicial da vítima.
- Avaliar a parte cardiopulmonar.
- Manter vias aéreas livres e fazer uma avaliação do estado respiratório e circulatório da vítima.
- Observar sinais de uso de drogas ou álcool.
- Verificar sinais vitais: atenção especial à hipotensão acompanhada de bradicardia e diminuição da frequência respiratória (tríade de Cushing), que estão associadas ao aumento da pressão intracraniana.
- Avaliar as pupilas.
- Avaliar a força muscular.
- Classificar a vítima na escala de Glasgow.
- Transportar a vítima para a ambulância em condições próprias e seguras.
- Monitorizar, instalar oxímetro de pulso e administrar oxigênio sob orientação médica.
- Se necessário, enfaixar a região craniana, porém não comprimi-la, o que pode agravar o quadro. Apenas proteger o local.
- Dar continuidade ao atendimento de emergência dentro da ambulância, seguindo orientações médicas.
- Manter a vítima aquecida.
- Manter a vítima em repouso dorsal e transportá-la o mais rápido possível para o hospital, caso esteja inconsciente.

Assistência de enfermagem na hospitalização

- Manter a vítima em maca própria e fazer sua transferência, se necessária, "em bloco".
- Administrar oxigênio sob máscara até 12 L/minuto.

- Limpar o local do ferimento com soro fisiológico a 0,9%.
- Puncionar acesso venoso de grosso calibre, colher amostras de sangue e manter hidratação conforme a solicitação médica.
- Verificar e monitorizar sinais vitais e instalar oxímetro de pulso.
- Fazer uma análise do ferimento, observando o tipo de trauma, a classificação da lesão, se houve fratura de crânio, qual o tipo e os cuidados que devem ser tomados, se há hemorragia e qual o tipo.
- Fazer um curativo local compressivo apenas para proteger a lesão.
- O plano de cuidados e as condutas a serem realizadas dependerão da análise anterior do ferimento. É preciso aguardar orientação da(o) enfermeira(o) responsável pela equipe com a conduta médica. Não fazer nada que não tenha sido orientado anteriormente pela equipe, exceto nos locais que já trabalham com protocolo de atendimento de urgência, em que cada profissional já está orientado e treinado para tal.
- Manter o paciente em segurança, preferencialmente em macas com grade, pois pode apresentar agitação ou convulsões.
- Avaliar o nível de consciência por meio da escala de Glasgow (veja Tabelas 6.2 e 6.3).
- Dar sequência ao plano de cuidados traçado pela(o) enfermeira(o) responsável da equipe.
- Providenciar transferência do paciente da sala de emergência para outro local predeterminado.

Tabela 6.2 - Escala de Glasgow - avaliação do nível de consciência

Área observada	Reação	Pontuação
1) Abertura ocular (AO)	Espontânea	4
	A estímulo verbal	3
	A estímulo doloroso	2
	Nenhuma resposta	1
2) Melhor resposta verbal (MRV) Observação: pacientes entubados ou com grandes lesões de face não emitiriam respostas verbais; observe se está orientado	Orientado	5
	Confuso	4
	Palavras impróprias	3
	Algum som	2
	Nenhuma resposta	1
3) Melhor resposta motora (MRM)	Obedece a comandos	6
	Localiza dor	5
	Flexação normal	4
	Flexação anormal (decorticação)	3
	Extensão involuntária (descerebração)	2
	Nenhuma resposta	1

Tabela 6.3 - Interpretação da escala de Glasgow

Somatório dos pontos	Características/interpretação do nível de consciência
3 a 4	Estado de coma profundo - paciente gravíssimo
Inferior a 8	TCE grave - estado de coma profundo
= a 8	TCE intermediário - estado de coma intermediário
9 a 12	TCE moderado/superficial - estado de coma moderado
≥ que 13	TCE leve - estado de coma leve

6.5 Traumatismos de extremidades

Lesões ósseas de origem traumática (trauma direto ou indireto). São traumas que geralmente não representam a causa da morte da vítima quando independentes, ou seja, quando não são acompanhados de outros traumas mais graves, que podem comprometer a vida da vítima ou o seu estado. São divididos em fraturas, luxação e entorse.

6.5.1 Classificação das fraturas

Caracterizadas por perda da continuidade do osso, independentemente do que tenha ocorrido. As fraturas lesam o periósteo (parte externa do osso) e apresentam hematoma local, o que indica sinal de hemorragia interna, dor intensa e alteração da função do membro atingido. Estão classificadas em fechadas e abertas[3,5,6,8].

» Fechadas: não há lesão do tecido. Dividem-se em fechadas simples - quando o osso fraturado não perde o desvio de seu eixo - e fechadas com desvio - quando o osso fraturado perde o desvio de seu eixo, podendo causar lesão nos tendões e nos vasos sanguíneos[3,5,6,8].

» Abertas: ocorrem lesão tecidual e contato com o meio externo. Esse tipo de fratura expõe o indivíduo a infecções e o tratamento acaba sendo cirúrgico[3,5,6,8].

Veja, nas Figuras 6.3 e 6.4, respectivamente, os tipos mais comuns de fratura e as vértebras que podem ser acometidas por ela.

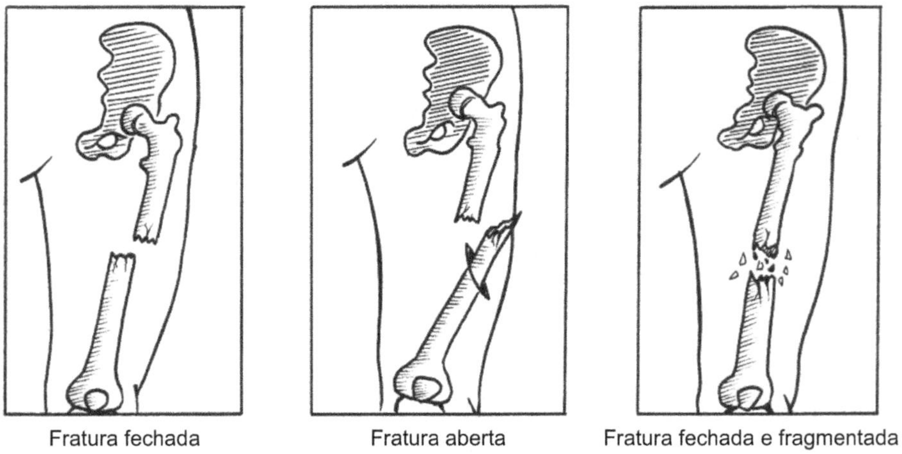

Figura 6.3 - Tipos mais comuns de fraturas.

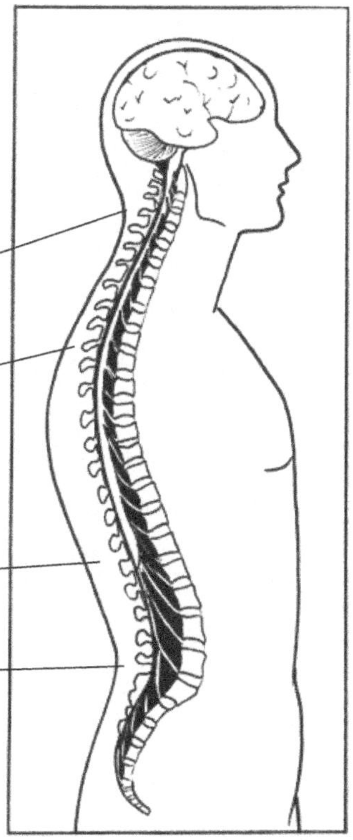

Figura 6.4 - Identificação das colunas cervical, torácica, lombar e sacral, vértebras que podem sofrer fraturas, que podem ser graves.

O que fazer fora do ambiente hospitalar

- Rápida análise do que ocorreu e verificar a vítima.
- Chamar o socorro médico.
- Manter a vítima no local até ter certeza de que ocorreu somente fratura de extremidade.
- Conversar com a vítima e observar seu nível de consciência.
- Retirar algo que possa prejudicar o local lesado, como peças de roupa ou outro objeto que esteja sob a vítima. Se o objeto perfurou o tecido, não retirá-lo, pois isso pode lesar um vaso ou uma artéria e aumentar o risco de infecção e sangramento.
- Retirar parte das vestimentas que possam comprimir o local, mas não totalmente as roupas. Rasgá-las de maneira que a lesão fique exposta.
- Verificar se ocorreu fratura fechada ou aberta.
- Se foi fechada, apenas imobilizar o local com talas improvisadas de tábua ou papelão ou somente tipoia.
- Se a queixa da vítima for na região do quadril ou fêmur, não movimentá-la; aguardar o socorro médico.
- Orientar a vítima para que não tente se levantar, pois pode haver lesão de cervical. Orientar também para não ficar mexendo a cabeça, levantando-a.

- Se a fratura for aberta, apenas proteger o local com lenços ou toalhas e aguardar socorro médico.
- Em qualquer dos casos, de fratura fechada ou aberta, não tentar "realinhar" o membro fraturado, o que só traz complicação para a vítima.
- Se, enquanto aguarda socorro, a vítima vomitar, tracionar a região cervical com as duas mãos e lateralizar a cabeça devagar e com cuidado, apenas para que não aspire a secreção. Pedir ajuda a outra pessoa para limpar a secreção enquanto a tracionar.
- Aguardar o socorro médico com a vítima.

Fique de olho!

As orientações anteriores devem ser realizadas por pessoas da área de enfermagem ou que tenham conhecimento do assunto. Leigos devem apenas chamar socorro médico e aguardar.

Atendimento pré-hospitalar

- Colher as informações de quem socorreu primeiro a vítima e fazer uma rápida avaliação do caso.
- Identificar-se (bem como a sua equipe de atendimento) e conversar com a vítima, o que a tranquilizará. Com isso, o atendimento torna-se mais eficiente.
- Fazer a avaliação primária da vítima.
- Localizar e identificar o tipo de fratura.
- Verificar o pulso local próximo à fratura e avaliar as extremidades.
- Se houver fratura exposta, proteger o ferimento.
- Em fratura de ossos longos, fazer o alinhamento do membro e imobilizá-lo de acordo com protocolos locais de atendimento. Após a imobilização, verificar os pulsos periféricos novamente.
- Transportar a vítima para a ambulância.
- Verificar e monitorizar os sinais vitais e instalar oxímetro de pulso.
- Dar continuidade ao atendimento de acordo com orientações médicas e transportar a vítima para um hospital de retaguarda.

Assistência de enfermagem na hospitalização

- Transferir a vítima para maca própria. Se já foi detectado que há fratura de quadril/bacia, transferir a vítima "em bloco" ou proteger o membro afetado na hora da transferência.
- Fazer uma análise para verificar o tipo de lesão.
- Providenciar a retirada das vestimentas.
- Puncionar acesso venoso de grosso calibre, colher amostra de sangue e manter a hidratação conforme orientação médica.

- Verificar os sinais vitais com atenção especial ao pulso no membro fraturado.
- Limpar a área com lesão com soro fisiológico a 0,9% e manter a lesão coberta até segunda orientação.
- Manter material de ortopedia, como ataduras de gesso, algodão ortopédico, ataduras de crepom e soros, em local de fácil acesso e aguardar orientação.
- Se a fratura for exposta e com grande área lesada, seguir as orientações da equipe.
- Não fazer nada que não tenha sido orientado pela(o) enfermeira(o) responsável ou equipe atuante, pois um "deslize" no atendimento às fraturas pode ser vital para o paciente.
- Providenciar a transferência do paciente da sala de emergência para outro local predeterminado.

6.5.2 Luxação

Consiste na perda de contato das extremidades ósseas com as articulações, decorrente de um estiramento dos ligamentos além do esperado. Também é um trauma grave, apresentando dor, edema e deformidade na região lesada, acompanhados de hematoma local após algumas horas. Os cuidados são os mesmos realizados para as fraturas - primeiro com imobilização e, depois, hospitalização para averiguar melhor[1,3,5,8].

Sinais e sintomas

Dor intensa, deformidade local (p. ex.: edema, perda completa do movimento e palidez do membro).

Atendimento pré-hospitalar

- Colher as informações de quem socorreu primeiro a vítima e fazer uma rápida avaliação do caso.
- Identificar-se (bem como a sua equipe de atendimento) e conversar com a vítima, o que a tranquilizará. Com isso, o atendimento torna-se mais eficiente.
- Fazer a avaliação primária da vítima.
- Imobilizar o membro na posição da deformidade, procurando causar alívio da dor.
- Verificar sinais vitais e o pulso periférico.
- Transportar a vítima para a ambulância.
- Dar continuidade ao atendimento de acordo com orientações médicas e transportar a vítima para um hospital de retaguarda.

6.5.3 Entorse

Consiste na lesão das articulações, decorrente de um movimento exagerado do membro. Pode ocorrer lesão dos ligamentos, subdividida em três tipos - estiramento, lesão parcial e lesão total do ligamento. As entorses são menos graves que as luxações e fraturas, e o tratamento pode ser feito com imobilização, compressas frias e repouso. Os cuidados são os mesmos realizados para as fraturas - primeiro com imobilização e, depois, hospitalização para averiguar melhor[1,3,5,8].

6.6 Traumatismo raquimedular (TRM)

Consiste nas lesões apresentadas nas vértebras cervicais C2, C3 e C4, torácica T12 e lombar L1, decorrentes de acidentes e traumas. Podem ser desde uma concussão transitória até uma transecção completa da medula. É possível ocorrer perda sensorial total e paralisia motora abaixo da lesão[1,3,5,8].

É também considerado um tipo de lesão que ocorre na medula espinhal. A maioria dessas lesões é causada por acidentes automobilísticos, queda de alturas, mergulhos em águas rasas ou FAF. Pode haver lesão óssea vertebral sem que ocorra lesão de medula.

As lesões em C2 e C3 geralmente são fatais. Nas lesões C4 e acima, ocorrem dificuldade respiratória e paralisia das quatro extremidades, como indica a Figura 6.5.

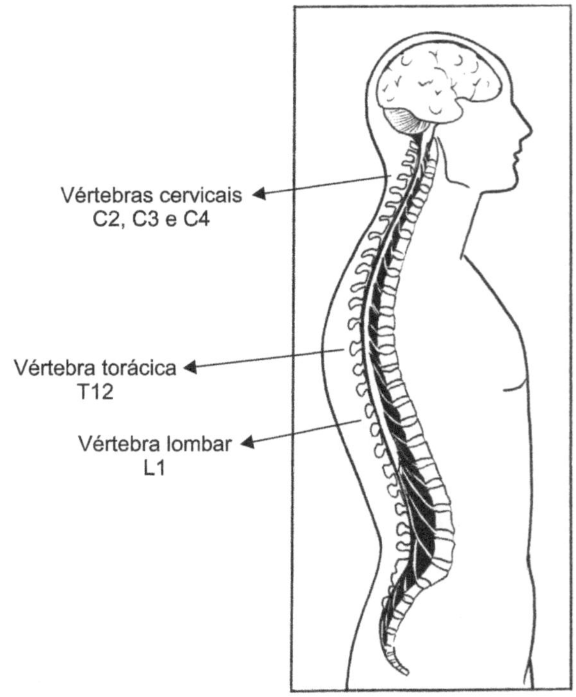

Figura 6.5 - As vértebras indicadas são as mais lesadas no trauma raquimedular.

6.6.1 Situações de suspeita

» Lesão supraclavicular, acima da clavícula.

» Qualquer vítima com TCE, independentemente do tipo.

» Politraumatizado.

6.6.2 Sinais e sintomas

Dor à estimulação acima da clavícula, hipotensão e bradicardia, ausência ou diminuição da sensibilidade dos membros inferiores, respiração diafragmática e arreflexia flácida.

Fique de olho!

Esses sinais e sintomas só ocorrem se houver lesão medular. Lesão óssea de vértebras pode ser assintomática ou estar ligada apenas à dor.

O que fazer fora do ambiente hospitalar

» Rápida análise do que ocorreu e da própria vítima.

» Chamar o socorro médico.

- Fazer perguntas à vítima para saber se está localizada no tempo e no espaço.
- Apalpar acima do tórax, ligeiramente, até acima da clavícula, dos ombros e do pescoço.
- Observar a sensibilidade nos membros inferiores e superiores.
- Manter a vítima deitada. Não removê-la sem ajuda médica.
- Afrouxar as roupas.
- Tentar manter a vítima acordada.
- Remover objetos e outras coisas que possam incomodar a vítima.
- Se estiver presa ao cinto de segurança, soltá-lo, mas manter a vítima na mesma posição.
- Se estiver presa no carro, não removê-la e aguardar socorro. Caso não seja possível aguardar, improvisar uma tábua para deitar a vítima, ou seja, procurar ajuda, pois a tábua deve sair do carro com a vítima, ou deve-se retirar a vítima com o banco. Avaliar primeiro as condições da vítima e de quem está prestando o socorro; em alguns casos, é preferível aguardar a equipe de resgate.

Fique de olho!

As orientações anteriores devem ser realizadas por pessoas da área de enfermagem ou que tenham conhecimento do assunto. Leigos devem apenas chamar socorro médico e aguardar.

Atendimento pré-hospitalar

- Colher as informações de quem socorreu primeiro a vítima e fazer uma rápida avaliação do caso.
- Identificar-se (bem como a sua equipe de atendimento) e conversar com a vítima, o que a tranquilizará. Com isso, o atendimento torna-se mais eficiente.
- Fazer a avaliação primária da vítima.
- Identificar o tipo de lesão e imobilizar a vítima.
- Quando a vítima estiver consciente, questionar a sensibilidade.
- Verificar os sinais vitais.
- Avaliar a dor.
- Movimentar a vítima em bloco, nunca sozinho.
- Quando a vítima estiver inconsciente, ficar atento à hipotensão acompanhada de bradicardia, como alertado anteriormente.
- Transportar a vítima para a ambulância em condições próprias e seguras.
- Monitorizar, instalar oxímetro de pulso e administrar oxigênio, se necessário e de acordo com orientação médica.
- Transportar a vítima para um hospital de suporte.

Assistência de enfermagem na hospitalização

- Remover a vítima para a maca própria, em "prancha" para a coluna e "em bloco".
- Fazer uma análise do que aconteceu.
- Puncionar acesso venoso de grosso calibre, colher amostras de sangue e manter hidratação conforme orientação médica.
- Verificar os sinais vitais e instalar oxímetro de pulso, com monitorização.
- Manter material para sondagem vesical de fácil acesso, visto que, após um trauma com lesão medular, a bexiga torna-se anatômica e não se contrai, ocorrendo seu hiperestiramento.
- Dar continuidade ao plano de cuidados traçado pela(o) enfermeira(o) responsável e pela equipe atuante.
- Providenciar a transferência do paciente da sala de emergência para outro local predeterminado.

6.7 Trauma de face

Trata-se de uma lesão extremamente agressiva, qualquer que seja sua origem. Além de estar diretamente ligada às consequências emocionais para a vítima, há possibilidade de deformidades, podendo acometer cérebro, olhos, nariz, boca e dentes.

As causas podem ser variadas, entre elas acidente automobilístico, violência interpessoal, exposição a agentes químicos e queimaduras.

É comum o trauma de face estar acompanhado de obstrução das vias aéreas, hemorragia e lesões de coluna.

Distribuição por faixa etária do trauma de face

- De 0 a 15 anos: ligado a quedas, e pouco às outras causas.
- De 15 a 19 anos: a principal causa é a violência interpessoal, e a segunda o uso abusivo de álcool e drogas, provocando queda. Difere da queda apresentada na idade anterior.
- De 20 a 39 anos: idem à anterior, além de violência doméstica, acidentes automobilísticos, FAF e FAB.
- Acima de 40 anos: causas incluem todas as anteriores.

O que fazer fora do ambiente hospitalar

- Rápida análise do que ocorreu e da própria vítima.
- Chamar o socorro médico.
- Fazer perguntas à vítima para saber se está localizada no tempo e no espaço.
- Não movimentar a vítima enquanto não chegar socorro médico.

» Procurar tranquilizar a vítima.

» Aguardar socorro médico.

Atendimento pré-hospitalar

» Colher as informações de quem socorreu primeiro a vítima e fazer uma rápida avaliação do caso.

» Identificar-se (bem como a sua equipe de atendimento) e conversar com a vítima, o que a tranquilizará. Com isso, o atendimento torna-se mais eficiente.

» Fazer a avaliação primária da vítima.

» Identificar o tipo de lesão.

» Manter vias aéreas livres.

» Controlar o sangramento.

» Proteger o ferimento com material estéril.

» Não fazer nenhum tipo de pressão sobre o globo ocular.

» Fazer uma avaliação secundária do caso.

» Verificar sinais vitais.

» Não tentar retirar corpo estranho do local do ferimento. Apenas protegê-lo.

» Em vítimas com trauma de face por queimaduras com produtos químicos, proteger o local com compressa estéril e embebida em soro fisiológico e, depois, lavá-lo bem com soro.

» Transportar a vítima para a ambulância em condições próprias e seguras.

» Transportar a vítima para um hospital de retaguarda.

Assistência de enfermagem na hospitalização

» Remover a vítima para maca própria.

» Fazer uma análise do que aconteceu.

» Puncionar acesso venoso de grosso calibre, colher amostras de sangue e manter hidratação conforme orientação médica.

» Verificar os sinais vitais e instalar oxímetro de pulso, com monitorização.

» Providenciar materiais para pequena cirurgia, sutura e outros.

» Manter material para intubação e sondagem vesical de fácil acesso.

» Dar continuidade ao plano de cuidados traçado pela(o) enfermeira(o) responsável e pela equipe atuante.

» Providenciar a transferência do paciente da sala de emergência para outro local predeterminado.

6.8 Imobilização e remoção

Existem várias técnicas de imobilização e remoção de vítimas, mas, para que sejam eficientes, algumas regras gerais são básicas:

- » A melhor posição para imobilizar a coluna da vítima é a forma neutra, todavia pode-se optar, dependendo do tipo de lesão, pela ventral ou lateral.
- » Para alinhar a vítima, é necessário utilizar as duas mãos, com gestos firmes, sem movimento brusco, preferencialmente com a ajuda de outra pessoa.
- » Não movimentar a vítima sozinho. O responsável pela ação dos movimentos ou quem comanda o procedimento deve ficar na cabeceira da vítima, passando as orientações aos demais membros da equipe.
- » Sempre informar a vítima sobre tudo que está acontecendo ao seu redor. No caso de vítimas inconscientes, ficar atento à resistência aos movimentos ao serem realizados.
- » Nenhuma manobra pode provocar aumento da dor; caso contrário, algo está errado. Parar e revisar a técnica. Retornar ao movimento devagar. Muitas vezes, a expectativa e a ansiedade da vítima confundem-se com a dor.
- » Toda remoção deve ser feita de forma segura e estável para a vítima, com todos os integrantes atentos aos movimentos realizados.
- » Fixar a vítima adequadamente na maca, com cintos e protetores.
- » Estar atento a equipamentos improvisados. O risco de remoção é maior.
- » Todos os integrantes devem saber diferenciar rapidez de pressa. A rapidez está diretamente ligada a eficiência e segurança, ao passo que a pressa está ligada a precipitação e risco.
- » O uso de equipamentos de imobilização é dispensável se a vítima sofrer situação clínica instável.

6.8.1 Materiais para imobilização

Alguns materiais utilizados para imobilização são:

- » colar cervical (Figura 6.6);
- » coxins;
- » tábuas para posição dorsal (Figura 6.7);
- » pranchas de remoção (Figura 6.8);
- » ataduras de crepom;
- » talas;
- » fitas adesivas;
- » bandagens.

Figura 6.6 - Colar cervical.

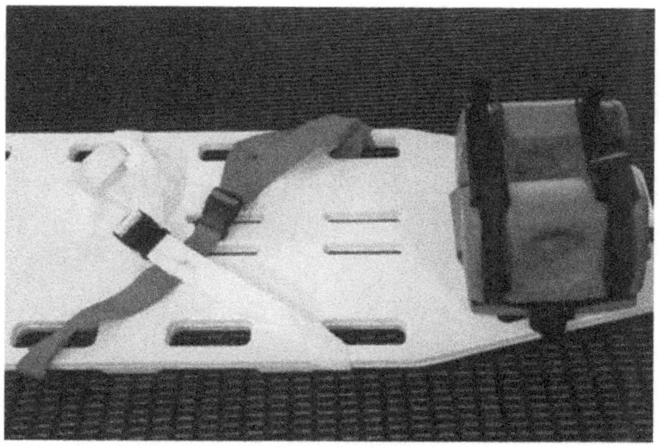

Nico Traut/Shutterstock.com

Figura 6.7 - Imobilizadores.

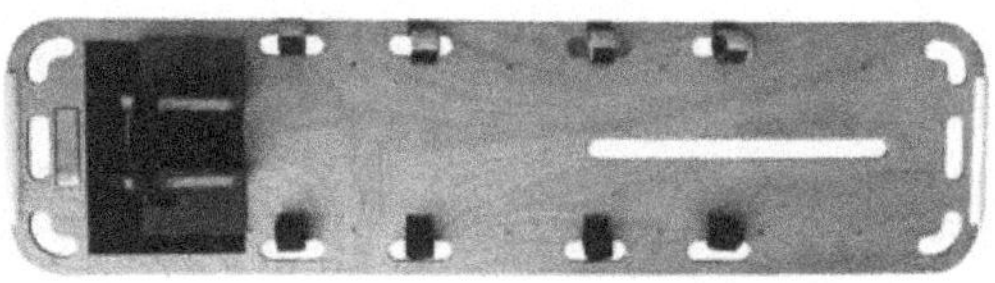

R. Gino Santa Maria /Shutterstock.com

Figura 6.8 - Prancha de remoção.

Vamos recapitular?

Neste capítulo, você aprendeu sobre os diferentes tipos de traumatismos e a conduta necessária diante de cada situação.

No próximo capítulo, você conhecerá os incidentes que ocorrem com as urgências decorrentes de animais peçonhentos.

Agora é com você!

1) Pesquise sobre o ATLS, sua criação, seus princípios e como é sua atuação no mundo inteiro.
2) Quais são os sinais e sintomas do TRM?
3) Pesquise em seu município as estatísticas sobre traumatismos.
4) As fraturas de crânio estão presentes em 80% dos casos fatais. Apesar desse índice, as lesões cerebrais graves se desenvolvem independentemente da presença de fraturas. Você concorda com essa afirmação? Faça uma pesquisa e dê sua opinião.
5) Faça uma pesquisa sobre avaliação primária e secundária em traumatismos e promova uma discussão em sala, com seu professor, sobre as diferentes formas de atuação sobre esses princípios.
6) Qual a classificação das lesões no TCE?

6.9 Referências bibliográficas

1. RIZZO A. *et al. Plantão médico:* urgência e emergência. São Paulo: EBS, 1998.
2. SOUZA, L. V.; BARBOSA, M. L. J. *Primeiros socorros:* princípios básicos. São Paulo: Cabral, 1999.
3. SOARES, L. M. C.A. *et al. Manual do curso de atendimento avançado em emergência para enfermeiros.* São Paulo: Secretaria de Estado da Saúde, 1996.
4. LOPEZ, M. *Emergências médicas.* 5. ed. Rio de Janeiro: Guanabara Koogan, 1989.
5. POTTER, P. A.; PERRY, A. G. *Grande tratado de enfermagem prática:* clínica e prática hospitalar. 3. ed. São Paulo: Santos, 2001.
6. HOOD, G. H.; DINCHER, J. R. *Fundamentos e prática de enfermagem:* atendimento completo ao paciente. 8. ed. Porto Alegre: Artes Médicas, 1995.
7. DUGAS, B. W. *Enfermagem prática.* 4. ed. Rio de Janeiro: Guanabara Koogan, 1984.
8. BRUNNER, S. *Tratado de enfermagem médico-cirúrgica.* 5. ed. Rio de Janeiro: Guanabara Koogan, 1987.
9. RODRÍGUEZ, J. M. F. *Emergências.* Rio de Janeiro: McGraw-Hill, 2000.
10. FORTES, J. I. *et al. Curso de especialização profissional de nível técnico em enfermagem.* Livro do aluno: urgência e emergência. São Paulo: Fundap, 2010.

7

Acidentes com Animais Peçonhentos

Para começar

São considerados animais peçonhentos aqueles que possuem inoculações especiais. Eles têm glândulas de veneno que se comunicam com dentes ocos e ferrões que injetam substâncias tóxicas em outros organismos. Os mais conhecidos são serpentes, escorpiões e aranhas, com maior incidência na zona rural[1,2]. Os animais peçonhentos se diferenciam dos animais venenosos, que produzem o veneno, mas não têm o aparelho inoculador, provocando envenenamento por contato (lagartas), compressão (sapo) ou ingestão (peixe baiacu).

Neste capítulo, você poderá ter uma abordagem sobre os diferentes acidentes causados pelos diversos tipos de animais peçonhentos que existem no Brasil.

O objetivo deste capítulo é que reconheça as diferentes ações que os animais peçonhentos podem causar por meio de suas mordidas e possa atuar de forma precisa nos atendimentos de urgência e emergência das vítimas.

Vamos aos estudos!

7.1 Envenenamento por ofídios - serpentes

Provocado por picadas de serpente (cobra) venenosa. Para termos a certeza de que a serpente é peçonhenta, devemos observar a presença de três características básicas:

- fosseta loreal: órgão sensorial, entre a narina e o olho, que permite identificar diferentes temperaturas do ambiente;

» guizo ou chocalho no final da cauda;

» anéis coloridos.

7.1.1 Gêneros

Os mais comuns são *Bothrops*, *Crotalus* e *Elapidae*[2], conforme a Tabela 7.1.

Tabela 7.1 - Gêneros mais comuns de ofídios

Gênero *Bothrops*	Acidente botrópico	Representado pela jararaca. Possui fosseta loreal, escamas na extremidade da cauda e cor parda, vive em locais úmidos e é um animal extremamente agressivo. Seu veneno tem ações proteolíticas, coagulantes e hemorrágicas.
Gênero *Crotalus*	Acidente crotálico	Representado pela cascavel. Também possui fosseta loreal e tem como principal característica o guizo na ponta da cauda. Vive em locais secos. Seu veneno tem ação neurotóxica, miotóxica e coagulante.
Gênero *Elapidae* ou *Micrurus*	Acidente elapídico	Representado pelas corais, muito venenosas, e pela naja e pela bungarus. As corais verdadeiras são raras no Brasil. As mais comuns são as falsas corais, não venenosas. São serpentes peçonhentas que não possuem fosseta loreal nem aparelho inoculador, uma exceção ao grupo. O veneno é inoculado por meio dos pequenos dentes fixos.

7.1.2 Ação do veneno

Cada gênero possui uma ação própria quanto ao veneno. Independentemente do gênero, o veneno atinge todo o corpo, iniciando pelo sistema nervoso e atingindo, depois, sistema circulatório, rins e sangue[1,2]. Veja na Tabela 7.2 as características gerais das picadas associadas à ação do veneno.

Tabela 7.2 - Características da picada das serpentes associada à ação do veneno

Local da picada	Associação ao grupo		
	Botrópico	Crotálico	Elapídico
Característica da picada independentemente do local	» Picada dolorosa » Região avermelhada, com edema e calor local » Podem aparecer bolhas » Dor de aumento progressivo	» Picada dolorosa » Sem sinais da picada no local » Dor não intensa, porém persistente	» Picada menos dolorosa » Local da picada fica adormecido » Pode ocorrer adormecimento de todo o membro
Face	» Sem alterações na face	» Face depressiva » Paralisia da musculatura dos olhos » Visão turva	» Dificuldade de articular palavras » Dificuldade de deglutição » Face deprimida » Salivação grossa e excessiva
Músculos	» Sem modificação	» Paralisia dos músculos atingidos e do pescoço	» Sem modificação

Local da picada	Associação ao grupo		
	Botrópico	Crotálico	Elapídico
Sangue	» Coagulação » Epistaxe » Sangramento pela boca » Sangramento por vias urinárias (hematúria)	-	-
Urina	» Coloração avermelhada » Diminuição do volume urinário	» Volume urinário normal » Coloração avermelhada	-

7.1.3 Identificação da serpente

É aconselhável que se conheça a diferença entre a serpente venenosa e a não venenosa para ter um bom prognóstico para a vítima. A identificação pode ser feita por meio do animal ou pelos sintomas apresentados. Veja na Tabela 7.3 as diferenças entre a serpente venenosa e a não venenosa.

Tabela 7.3 - Diferenças entre as serpentes venenosas e não venenosas

O que observar	Característica da venenosa	Característica da não venenosa
Cabeça (Figura 7.1)	» Achatada e triangular » Escamas da região da cabeça são idênticas às do corpo	» Estreita e arredondada » Possui placas no lugar de escamas
Olhos (Figura 7.1)	» Pequenos » Pupilas em fenda vertical - próprias para a noite	» Grandes » Pupilas redondas - próprias para o dia
Escamas (Figura 7.1)	» Ásperas » Irregulares	» Lisas e escorregadias » Simétricas
Dentes (Figura 7.1)	» Maxilar superior tem duas presas	» Dentes pequenos » As presas e os dentes são iguais, do mesmo tamanho
Cauda (Figura 7.2)	» Curta » Afina bruscamente » Percebe-se a diferença ao longo do corpo	» Longa » Afina gradativamente » Não é bem perceptível a diferença entre a cauda e o corpo
Tipo de mordedura (Figura 7.1)	» Presença de 1 ou 2 marcas, as presas » Profunda	» Presença de várias marcas, quase idênticas, em virtude do tipo de dente » Não profunda
Comportamento (Figura 7.3)	» Se perseguida, ataca » Enrola todo o corpo, deixando a cabeça para cima » Pode dar o bote quando menos esperarmos	» Se perseguida, foge » Não ataca com facilidade » Mantém-se esguia

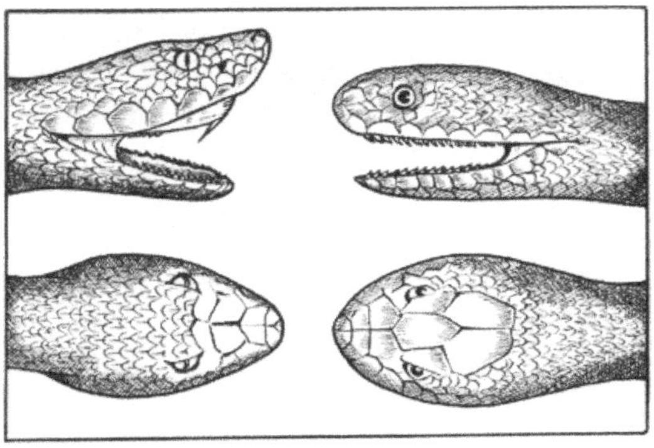

Figura 7.1 - Identificação da cabeça, dos olhos, das escamas e dos dentes das serpentes venenosas e não venenosas.

Figura 7.2 - Identificação da cauda da serpente.

Figura 7.3 - Identificação do tipo de comportamento da serpente.

7.1.4 Tratamento

Feito com soros específicos, produzidos no Instituto Butantan, em São Paulo. A única maneira de neutralizar a ação do veneno é pelos soros, imediatamente após a picada, já que o organismo absorve rapidamente as substâncias tóxicas. Veja na Tabela 7.4 os soros específicos para cada gênero.

Tabela 7.4 - Soros específicos para tratamento de picada de cobras

Tipos de soro	Característica do tratamento
Soro antibotrópico	Neutralizar o veneno de serpentes do gênero Bothrops
Soro anticrotálico	Neutralizar o veneno de serpentes do gênero Crotalus
Soro antilaquésico	Soro específico para picadas de serpente do tipo surucucu; neutraliza o seu veneno
Soro antielapídico	Soro específico para picadas de serpente do tipo coral; neutraliza o seu veneno
Soro antiofídico	Neutralizar o veneno de serpentes dos gêneros Bothrops e Crotalus É usado quando não se conhece o tipo de serpente que picou Não possui efeito nenhum sobre as picadas de corais

7.2 Envenenamento por picada de escorpião

Os escorpiões, como visto na Figura 7.4, são aracnídeos que picam outros seres vivos, causando envenenamento, que pode ser fatal. Seu habitat natural são pilhas de madeira, cercas e outros lugares do tipo e possuem hábitos noturnos.

Existem vários tipos, mas somente o gênero *Tityus* tem interesse para a área médica. A toxicidade do veneno da picada do escorpião varia com relação ao seu tamanho, sua idade e seu estado nutricional, com a quantidade de veneno inoculada e o peso e a resistência da vítima.

Figura 7.4 - Escorpião.

7.2.1 Manifestações clínicas

Mal-estar geral acompanhado de sudorese; cefaleia; fraqueza muscular; lacrimejamento; tontura; delírio; agitação; ansiedade, que pode levar ao coma e à morte; arritmia cardíaca e edema agudo de pulmão; dor local intensa, como queimação ou agulhada, edema e rubor.

7.2.2 Tratamento

Feito com soro específico antiescorpiônico, nos casos graves, e para aliviar a dor e manter a observação do paciente, nos casos leves.

7.3 Envenenamento por picada de aranha

As aranhas também são aracnídeos que picam outros seres vivos, causando envenenamento. Suas picadas são bastante dolorosas, levando à necrose do tecido lesado e, muitas vezes, à morte.

As aranhas venenosas mais conhecidas são a caranguejeira, a armadeira, a marrom, a tarântula e a viúva-negra.

A ação e o efeito do veneno lançado são diferentes em cada espécie: os da caranguejeira são tóxicos para o sistema nervoso, e os das demais, com exceção da armadeira, podem até ser fatais, principalmente para as crianças, que ainda não têm todo o sistema imunológico desenvolvido. Veja a Tabela 7.5.

Tratamento

- » Antissepsia local com soro fisiológico ou água.
- » Soro específico. Caso não se conheça a espécie, o soro polivalente pode ser administrado.
- » Suporte a dor com analgésicos.
- » Anti-histamínicos se necessário.

Tabela 7.5 - Características das aranhas

Tipo	Características	Identificação
Aranha marrom	Pequena, pouco agressiva e de hábitos noturnos. Seu habitat são pilhas de tijolos e telhas, cortinas e atrás de móveis. Pica quando comprimida contra o corpo, não produzindo dor na vítima de imediato. Provoca eritema, edema e dor local entre 6 e 12 horas após a picada; entre 24 e 36 horas, aparece um ponto de necrose central, com um halo ao redor, claro; 72 horas após a picada, aparecem febre, mal-estar geral e ulceração local. Na forma cutâneo-visceral, é grave. Além desse quadro, entre 12 e 24 horas ocorrem cefaleia, náuseas, vômitos, urina de cor escura, sanguinolenta (como de refrigerante de cola), anúria e insuficiência renal.	 Steve Collender/Shutterstock.com Figura 7.5 - Aranha marrom.
Aranha armadeira	Extremamente agressiva, seu habitat são bananeiras, folhagens, pedras empilhadas. Sua coloração é marrom-escura, com manchas claras. Após a picada, ocorrem reações locais e dor intensa imediata, podendo irradiar para a raiz do membro afetado, eritema, parestesia, sudorese, náuseas e vômitos, hipotensão e choque.	 Dr. Morley Read/Shutterstock.com Figura 7.6 - Aranha armadeira.
Tarântula	Diferentemente do que imaginamos, a tarântula causa acidentes leves e é pouco agressiva. Seus hábitos são diurnos e seu habitat é a beira de barracos ou gramados. Não faz teia. Sua picada geralmente é sem sintoma, podendo haver dor local, evoluindo para necrose no local da picada.	 ifong/Shutterstock.com Figura 7.7 - Tarântula.
Caranguejeira	Aranha grande, peluda, também extremamente agressiva e de hábitos noturnos. Seu habitat são terrenos baldios. Quando ameaçada ou manipulada, esfrega suas patas posteriores no abdome e solta pelos com farpas em grande quantidade, provocando irritação da pele e causando alergia.	 Eric Isselee/Shutterstock.com Figura 7.8 - Aranha Caranguejeira.

Prevenção para esses tipos de picada

- Evitar andar descalço em zona rural, matas e campos.
- Utilizar botas de cano longo.
- Não "perturbar" tocas no solo ou local em que pode haver serpentes, ou seja, seu "ninho".
- Não "brincar" com serpentes vivas ou mortas, tentando mostrar que as conhece e não tem medo. Elas são traiçoeiras e, mesmo mortas, conservam restos de veneno em suas presas por algum tempo. Cuidado!
- Antes de subir em árvores, verificar o local e a árvore.
- Ao capinar terrenos baldios, utilizar luvas e botas.
- Evitar acampamentos em locais impróprios, próximos a matas, pastos e plantações.
- Em zona rural, verificar roupas antes de vesti-las, bem como colchões e cantos de paredes.

7.4 Picadas de insetos

Os insetos também são responsáveis por grandes picadas, provocando desconforto e complicações clínicas. As lagartas são bastante conhecidas como taturanas (Figura 7.9). São larvas de mariposa que têm o corpo revestido por espinhos urticantes, dotados de toxinas. Seu habitat é nos troncos de árvores, podendo se ocultar em virtude de sua cor, o que pode causar acidente pelo contato com o espinho.

Camelia Varsescu/Shutterstock.com

Figura 7.9 - Taturanas.

Sinais e sintomas

O local da picada apresenta edema e vermelhidão, dor do tipo queimação, cefaleia, náuseas e vômitos e artralgia. Após 72 horas, surgem hemorragia, manchas pelo corpo e sangramentos gengivais ou pelo nariz. Pode evoluir para insuficiência renal.

Tratamento

- Não existe soro específico ainda.
- Suporte para alívio da dor.
- Compressas frias no local.
- Evitar as complicações clínicas.

7.5 Conduta

As orientações apresentadas a seguir são recomendadas para todos os tipos de acidentes com animais peçonhentos estudados neste capítulo e podem servir para qualquer pessoa que tente socorrer a vítima.

Fique de olho!

O mais importante no socorro de uma vítima de acidente com animais peçonhentos é manter a calma e procurar socorro médico imediato.

No caso de envenenamento por ofídios, na dúvida quanto ao agente agressor, pode ser utilizado o soro antibotrópico - crotálico.

O que fazer fora do ambiente hospitalar

- Remover a vítima para um lugar mais seguro, longe da mata.
- Manter a vítima deitada, evitando que faça esforço, principalmente quando a picada for em membros inferiores.
- Não garrotear o membro afetado, pois isso só prejudica o atendimento posterior.
- Lavar o local com água e sabão.
- Elevar o membro picado e mantê-lo nessa posição.
- Comprimir próximo à picada para que ocorra sangramento no local, pois isso ajuda a expelir o veneno.
- Aplicar compressas frias ou gelo no local da picada.
- Não colocar nada sobre o ferimento, apenas a compressa fria ou o gelo; evitar ao máximo "remédios caseiros".
- Procurar remover a vítima o mais rápido possível para o hospital, para que o soro específico possa ser administrado.
- Não dar nenhum medicamento para dor, aguardar atendimento médico.
- Se possível, levar a serpente causadora do transtorno, para que tenham certeza da conduta a ser tomada.
- A vítima apresentará dor local, perturbações visuais, respiração rápida e ofegante, ansiedade e agitação. Procurar acalmá-la.

Atendimento pré-hospitalar

- Identificar-se, bem como sua equipe de atendimento. Isso fará a vítima se sentir calma e segura.
- Fazer uma rápida análise do que ocorreu no local, colhendo informações com quem socorreu a vítima primeiro.
- Fazer a avaliação primária da vítima.
- Verificar o local da picada.
- Verificar sinais vitais.
- Se o animal foi capturado por terceiros, identificar seu tipo.
- Lavar o local com soro fisiológico e degermante próprio.
- Procurar manter a vítima calma.
- Transportar a vítima para a ambulância.
- Na ambulância, monitorar a vítima, instalando oxímetro de pulso e administrando oxigênio, se necessário e sob orientação médica.
- Transferir a vítima para um hospital de retaguarda.

Assistência de enfermagem na hospitalização

- Colher a história do paciente para verificar a possibilidade de identificação do animal peçonhento causador da picada.
- Providenciar soro específico de acordo com a orientação do Centro de Controle de Intoxicação (CCI) local e administrá-lo o mais rápido possível.
- Verificar sinais vitais e monitorização do paciente.
- Fazer limpeza com soro fisiológico a 0,9% no local da picada e no membro afetado.
- Manter o membro elevado.
- Puncionar acesso venoso de grosso calibre e manter hidratação conforme orientação médica.
- Administrar analgésicos e anti-histamínicos de acordo com prescrição médica.
- Realizar compressa fria no local da picada.
- Fazer controle rigoroso da diurese, separar as micções em frascos limpos e orientar o paciente para que, cada vez que urinar, coloque a urina em um frasco, identificado com nome, data e número da amostra, e anote o horário no ato. Observar o volume e a cor da urina. A insuficiência renal pode ser uma consequência séria da picada.
- Dar continuidade ao plano de atendimento elaborado por enfermeiro responsável.
- Providenciar transferência do paciente da sala de emergência para local predeterminado.

7.6 Outros animais

Existem outros tipos de animais que podem transmitir doenças e causar sérios problemas à saúde do ser humano, os chamados animais sinantrópicos, como o rato, o pombo, o morcego e a barata.

Entre eles, destacamos o rato, o pombo, o morcego, a barata e outros.

É importante ter informações sobre esses animais para que se possa prevenir a transmissão de doenças e evitar complicações à saúde da população.

Vamos recapitular?

Neste capítulo, você aprendeu sobre a importância de conhecer os principais animais peçonhentos que causam danos a nossa saúde, bem como as medidas de prevenção e controle sobre eles.

Seu próximo estudo se referirá aos estados de choque que ocasionam tratamentos de emergência.

Agora é com você!

1) Sabemos que existem pelo menos quatro sistemas de informação que tratam do registro de acidentes com animais peçonhentos: o Sistema Nacional de Informações Tóxico-Farmacológicas (Sinitox); o Sistema Nacional de Agravos de Notificação

(Sinan); o Sistema de Internação Hospitalar (SIH-SUS); e o Sistema de Informação de Mortalidade (SIM). Partindo desse conhecimento, faça um levantamento sobre as características de cada um e veja qual é o mais atuante em sua região.

2) Sabemos que o uso do torniquete ou garroteamento no local da picada é contraindicado, pois piora a condição do indivíduo acidentado. Não furar, não cortar, não queimar, não espremer e nem fazer sucção no local da ferida são medidas que contribuem para a melhora do estado da vítima. Pesquise sobre o assunto e promova uma discussão em sala de aula, justificando essa afirmativa.

3) Atualize os seus conhecimentos por meio de uma pesquisa sobre zoonoses e animais sinantrópicos mais comuns em sua região. A proposta é que realize uma visita ao serviço responsável nessa área e verifique as informações mais recentes, bem como os dados epidemiológicos dos quadros mais frequentes. Elabore em grupo um resumo das ações de prevenção, tratamento e controle desse tipo de serviço.

4) Sabemos que o soro antiofídico não estimula a produção de anticorpos no organismo da vítima. Ele já contém anticorpos e proteínas estranhas, e a pessoa submetida ao tratamento pode desenvolver anticorpos contra o próprio soro. Faça uma pesquisa sobre o soro antiofídico e detalhe a respeito dessa afirmação.

5) Quais as manifestações clínicas e o tratamento para picadas de escorpião?

6) Dê dois exemplos de picada de serpentes e suas características associadas ao veneno.

7.7 Referências bibliográficas

1. RIZZO A. *et al. Plantão médico:* urgência e emergência. São Paulo: EBS, 1998.

2. SOUZA, L. V.; BARBOSA, M. L. J. *Primeiros socorros:* princípios básicos. São Paulo: Cabral, 1999.

3. FORTES, J. I. *et al. Curso de especialização profissional de nível técnico em enfermagem.* Livro do aluno: urgência e emergência. São Paulo: Fundap, 2010.

4. SECRETARIA DE SEGURANÇA PÚBLICA DO ESTADO DO PARANÁ. *Manual de atendimento pré-hospitalar ao trauma do Corpo de Bombeiros do Paraná.* Disponível em: <www.pmpr.pr.gov.br/modules/conteudo>. Acessado em dezembro de 2013.

5. FIGUEIREDO, N. M. A. *Cuidando em emergência.* 1. ed. São Caetano do Sul: Difusão, 2004.

6. LOPES, A. C.; FRISOLI, A. J.; AMARAL, J. L. G. *Emergências:* manual de diagnóstico e tratamento. 2. ed. São Paulo: Sarvier, 2003.

7. CANETTI, M. D.; ALVAREZ, F. S. *Manual de socorro de emergência.* 2. ed. São Paulo: Atheneu, 2007.

8 Estado de Choque

Para começar

Você verá neste capítulo as diversas formas do estado de choque e como ele pode evoluir se não socorrido imediatamente.

Choque é uma manifestação clínica caracterizada pela queda brusca e intensa de oxigênio no sistema circulatório, descompensando outros sistemas do organismo, e pode levar o indivíduo à morte. Trata-se de uma situação de emergência, de extrema gravidade, que requer da equipe de atendimento de urgência e emergência total controle da situação, agilidade e eficiência.

Considera-se choque a situação de falência do sistema cardiocirculatório em manter todos os órgãos abastecidos.

8.1 Classificação

O choque pode ser classificado em quatro grupos: hipovolêmico; cardiogênico; obstrutivo; e distributivo.

No atendimento inicial desse paciente, todos os esforços são voltados para identificar a lesão responsável pelo choque, podendo haver necessidade de tratamento cirúrgico para controle da hemorragia, se essa for a causa.

É prioritário restabelecer o quadro hemodinâmico do paciente imediatamente.

8.1.1 Choque hipovolêmico

A hemorragia costuma ser a causa mais frequente do choque hipovolêmico no trauma e pode acontecer internamente em decorrência de lesões de órgãos ou por avulsão de tecidos, lacerações de vasos, múltiplas fraturas, fraturas expostas e fraturas fechadas de ossos longos. O choque não hemorrágico pode ocorrer por diarreia de difícil controle, poliúria, queimaduras extensas e desidratação[9].

A hipovolemia é uma das causas mais comuns de choque[3-6]. Nesse tipo de choque, ocorre redução do volume sanguíneo, resultando em distúrbios celulares. O choque hipovolêmico, o mais comum no atendimento pré-hospitalar, está subdividido em choque hemorrágico e não hemorrágico.

Causas

- » Hemorragia interna ou externa.
- » Perda de plasma em grandes queimaduras e lesões traumáticas.
- » Desidratação de grau III.
- » Na fratura de fêmur, perde-se aproximadamente 1 litro de sangue.

Sinais e sintomas

Ansiedade e agitação, náuseas e vômitos, sede intensa, fraqueza, tontura, frio, hipotensão, respiração rápida e profunda, pulso rápido, pele fria e úmida, palidez ou cianose de extremidades, pupilas dilatadas e regressão no nível de consciência.

Tratamento

- » Reposição rápida de solução salina e/ou sangue.
- » Controlar o sangramento.

8.1.1.1 Choque hemorrágico

Caracterizado por hemorragia intensa, de início súbito, com perda de volume sanguíneo considerável. Muito comum em acidentes com trauma em varizes esofagianas, esmagamento de membros, aneurisma de aorta, pós-parto e outros.

Sinais e sintomas

Taquicardia, taquipneia, hipotensão, ansiedade, sudorese, pele fria e úmida, lábios descorados, cianose de extremidades, náuseas e vômitos, tonturas, alteração do nível de consciência e perda sanguínea visível.

Tratamento

Reposição imediata de sangue e derivados e líquidos.

8.1.1.2 Choque não hemorrágico

Nesse caso, não ocorre perda externa de sangue. O paciente tem um desequilíbrio e uma descompensação do nível de circulação sanguínea, que deve ser reposto imediatamente. Ocorre mais comumente em pacientes portadores de diabetes mellitus e em casos de queimadura, desidratação e diarreias crônicas[5,6].

Sinais e sintomas

Taquicardia, hipotensão, sudorese, pele fria, úmida e pegajosa, cianose de extremidades e alteração do nível de consciência.

8.1.2 Choque cardiogênico

Apresenta redução do rendimento cardíaco. O coração não bombeia o sangue efetivamente para os demais órgãos.

Geralmente, é detectado por eletrocardiograma (ECG) e ausculta cardíaca, detectando-se bradiarritmias, como bloqueio atrioventricular total (BAVT) e taquicardias com fibrilação atrial de alta frequência. Aparece também no infarto agudo do miocárdio e em outras patologias clínicas do coração.

O choque cardiogênico é caracterizado pela falência do coração como bomba cardíaca pela diminuição da força de contração, pela diminuição do débito cardíaco e pelo aumento da pressão venosa central (PVC), gerando a má perfusão tecidual[6,9].

Infarto, arritmias, embolia, tamponamento cardíaco, contusão cardíaca, pós-operatório de cirurgia cardíaca, entre outros, são complicações que podem levar ao choque cardiogênico.

Sinais e sintomas

Taquicardia, hipotensão, ansiedade, sudorese, pele fria e úmida e alteração do nível de consciência.

Tratamento

» Não é necessário repor perdas líquidas de imediato.

» Administrar oxigênio.

» Manter a vítima em posição semi-Fowler.

8.1.3 Choque obstrutivo

Em situações de trauma, o tamponamento cardíaco e o pneumotórax hipertensivo predispõem ao choque obstrutivo, pois ocorre uma obstrução mecânica, levando à queda do débito cardíaco. É observado também nas situações de tromboembolismo pulmonar e dissecção de aorta.

É a dificuldade de manter o débito cardíaco em nível adequado, com dificuldade de esvaziamento das câmaras cardíacas, ocorrendo obstrução das artérias. Acontece nos casos de tamponamento cardíaco e embolia de gordura.

8.1.4 Choque distributivo

Caracterizado pela dilatação vascular excessiva, vasoplegia, presente também na septicemia, na intoxicação por cocaína, no trauma cranioencefálico (TCE) e na reação anafilática.

Ocorre em virtude da alteração da tonicidade da parede do vaso, provocando seu relaxamento. Com isso, o vaso fica maior do que a quantidade de sangue circulante em seu interior, levando à hipotensão. Apresenta causas variadas, sendo considerado choque neurogênico quando há perda do controle vasomotor na presença de lesão cerebral e/ou medular nos traumas; choque anafilático, deflagrado por reações inflamatórias secundárias a reações antígeno-anticorpo; ou choque séptico, quando há a liberação de toxinas na circulação sanguínea nos processos infecciosos[6].

8.2 Outros choques

8.2.1 Choque neurogênico

Causado pela falha no sistema nervoso em controlar o diâmetro dos vasos. Ocorre perda da resistência periférica e dilatação da rede vascular. Os sinais e sintomas são os mesmos do choque hipovolêmico.

8.2.2 Choque psicogênico

Semelhante ao choque neurogênico, aparece em condição de dor intensa, acompanhada de bradicardia no início e em seguida taquicardia, voltando ao estado normal espontaneamente.

8.2.3 Choque anafilático

É resultado de uma reação de sensibilidade em pessoas que já apresentam reações alérgicas. Pode ser causado por picada de insetos, medicação, alimentos ou o próprio meio ambiente. Os sinais e sintomas podem ser vermelhidão, ardência, edema de face e língua, respiração ruidosa e hipotensão e início de sinais de coma. O tratamento deve ser rápido, iniciando com medicações para combater o estado de choque.

8.3 Ciclo do estado de choque

Uma vez que o choque é caracterizado por diminuição brusca e intensa do fluxo sanguíneo em todos os órgãos, veremos na Figura 8.1 o ciclo que permite que o choque aconteça.

Geralmente, o choque está relacionado a três situações:

- coração: falha de bombeamento;
- sangue: perda de sangue ou plasma;
- dilatação dos vasos sanguíneos: capacidade do sistema circulatório ser maior que o volume de sangue.

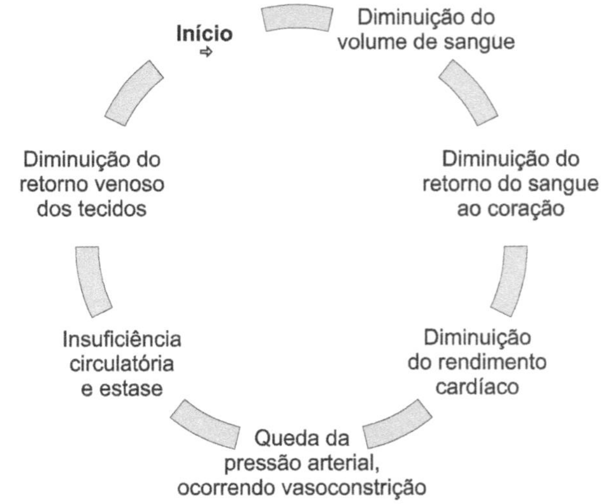

Figura 8.1 - Ciclo do estado de choque.

8.4 Quadro clínico

- Pulso: geralmente é rápido, fraco, filiforme, de difícil palpação. Apresenta-se dessa forma em razão da diminuição do débito cardíaco e da hipovolemia já presente.
- Perfusão periférica: apresenta vasoconstrição ou vasodilatação, com alteração na coloração da pele de extremidades, sudorese, palidez, cianose e pele fria.
- Frequência respiratória: apresenta taquipneia em virtude do estímulo respiratório e como compensação do choque.
- Pressão arterial: pode ocorrer de duas formas: aumento de ambas, diastólica e sistólica, levando à vasoconstrição e ao aumento de débito cardíaco; ou queda súbita de ambas, quando ocorre descompensação de todos os órgãos, e a compensação já não é mais suficiente. Ocorre em grandes hemorragias e grandes traumatismos.
- Oligúria: em consequência da diminuição do fluxo renal.
- Temperatura: a hipotermia é mais comum, mesmo quando o paciente apresenta algum tipo de infecção. Ela acontece devido à vasoconstrição periférica instalada.
- Distúrbios neurológicos: baixa do nível de consciência, sonolência, inquietação, confusão mental. Apresenta Diminuição da sensibilidade, dos reflexos e da tonicidade muscular.
- Alterações sanguíneas: ocorre acidose, prejudicando a função do miocárdio.
- Sintomas gerais: geralmente os sintomas que antecedem o estado de choque são simultaneamente pulso rápido e fino; pele fria, úmida; sudorese; cianose de extremidades; náuseas acompanhadas de vômitos; hipotensão; hipotermia; queda do nível de consciência caracterizada por desmaio.

O que fazer fora do ambiente hospitalar

- Providenciar uma rápida análise do que ocorreu e procurar informações sobre a vítima com algum acompanhante.
- Chamar o socorro médico.
- Manter a vítima deitada, com a cabeça mais baixa que o restante do corpo.
- Conversar com a vítima, avaliar o seu nível de consciência; se consciente, tentar acalmá-la e pedir que siga suas orientações.
- Lateralizar a cabeça, evitando que aspire vômito.
- No caso de acidente, remover a vítima com cuidado e atenção especial à região cervical (como visto no Capítulo 6).
- Elevar os membros inferiores, na mesma altura, o que contribui para o retorno venoso.
- Afrouxar as roupas e os acessórios.
- Manter a vítima aquecida.
- Não dar líquidos à vítima.
- Aguardar o socorro médico ou transferir a vítima para o posto médico mais próximo.

Fique de olho!

As orientações anteriores podem ser realizadas por pessoal da área de enfermagem, com algum conhecimento do assunto. Leigos devem chamar socorro médico imediato ou transferir a vítima para um posto médico ou hospital mais próximo.

Atendimento pré-hospitalar

- Colher as informações de quem socorreu primeiro a vítima e fazer uma rápida avaliação do caso.
- Identificar-se (bem como a sua equipe de atendimento) e conversar com a vítima, o que a tranquilizará. Com isso, o atendimento torna-se mais eficiente.
- Fazer a avaliação primária da vítima.
- Manter as vias aéreas livres.
- Verificar sangramento e avaliar outras lesões.
- Checar sinais vitais.
- Colocar a vítima em posição dorsal e com as pernas ligeiramente elevadas.
- Manter a vítima aquecida.
- Transportar a vítima para a ambulância em local próprio e dar sequência ao atendimento de acordo com orientações médicas.
- Monitorar a vítima, instalar oxímetro de pulso, administrar oxigênio até 12 L/minuto de acordo com a conduta médica.
- Transportar a vítima rapidamente a um hospital de suporte.

Assistência de enfermagem na hospitalização

- Manter o paciente em maca própria.
- Instalar oxigênio sob máscara com 10 L/minuto.
- Puncionar acesso venoso de grosso calibre, colher sangue para amostra e manter hidratação conforme a orientação médica.
- Verificar e monitorizar os sinais vitais e instalar oxímetro de pulso.
- Manter a vítima aquecida.
- Ter o material para entubação e sondagens em local de fácil acesso.
- Dar continuidade ao plano de cuidados traçado pela(o) enfermeira(o) responsável e pela equipe atuante.
- Providenciar a transferência do paciente da sala de emergência para outro local predeterminado.

- Avaliar a causa do choque e orientar sua equipe para atuar de forma sistêmica.
- O tratamento do choque consiste na reposição volêmica, de acordo com a conduta médica. A reposição volêmica se inicia com Ringer-lactato aquecido, albuminas e solução de plasma e gelatina.
- Feita a reposição, a melhora do débito cardíaco vem em seguida, geralmente com os medicamentos com ação de inotrópicos e vasodilatadores (nitroprussiato de sódio), seguidos de noradrenalina, também sob indicação ou prescrição médica.
- Exames como gasometria e controle de hematócritos e de eletrólitos devem ser colhidos diversas vezes, pois ajudarão no controle da viscosidade sanguínea (hematócritos) e da acidose metabólica (gasometria e eletrólitos).
- A mudança de decúbito deve ser realizada "em bloco" em virtude da instabilidade hemodinâmica.
- Utilizar colchão térmico ou de ar para manter a vítima aquecida. Não utilizar colchão de água, pois pode acentuar a hipotermia.
- Atenção ao uso de analgésicos, pois a maioria deles causa vasodilatação, atenuando o quadro de choque.
- Toda indicação e conduta de administração de medicamentos é de responsabilidade médica, devendo a enfermagem ter conhecimento dos medicamentos utilizados e sua ação sobre o estado do paciente.

8.5 Ação medicamentosa sobre o estado de choque

- Dopamina: Via de administração: endovenosa. Ação - droga vasoativa, vasoconstritora potente, que melhora o nível da pressão e a resistência vascular sistêmica. Deve ser administrada sob bomba de infusão própria e monitoramento da pressão.
- Dobutamina: Via de administração: endovenosa. Ação - droga também vasoativa que tem melhor resposta no trabalho cardíaco e na congestão pulmonar. Deve ser administrada em bomba de infusão própria.
- Noradrenalina: Via de administração: endovenosa. Ação - vasoconstritor periférico de alta potência, elevando a pressão de forma acelerada. Deve ser infundido em bomba própria para infusão e sob vigilância da pressão e monitoramento.
- Hidrocortisona: Via de administração: endovenosa. Ação - diminui o edema e proporciona melhor resposta inflamatória.

Vamos recapitular?

Você estudou neste capítulo todos os estados de choque que podem ocorrer e levar a urgências e emergências, e como atuar frente às situações de risco para o indivíduo.

No próximo capítulo, você aprenderá sobre as queimaduras, outro estado de urgência que pode levar ao choque.

Agora é com você!

1) Leia sobre tamponamento cardíaco e pneumotórax hipertensivo no traumatismo de tórax e compreenda qual o motivo que predispõe ao choque obstrutivo. Apresente sua pesquisa em forma de trabalho.

2) No atendimento inicial aos pacientes em estado de choque, todos os esforços são voltados para identificar a lesão responsável pelo choque. Estabelecer o quadro hemodinâmico do paciiente com a infusão de soluções isotônicas aquecidas e avaliar a resposta a esse tratamento também são ações propostas nesses casos. Pesquise sobre essa afirmativa e veja as evidências desse tipo de tratamento.

3) O que é choque hipovolêmico e quais são seus sinais e sintomas?

4) No estado de choque, o que fazer com a vítima fora do ambiente hospitalar?

5) Aponte duas alterações no quadro clínico de pacientes com choque, independentemente do tipo de choque.

6) Faça uma pesquisa sobre o ciclo do estado de choque e aprofunde seus conhecimentos.

8.6 Referências bibliográficas

1. RIZZO, A., *et al. Plantão médico:* urgência e emergência. São Paulo: EBS, 1998.
2. SOUZA, L. V.; BARBOSA, M. L. J. *Primeiros socorros:* princípios básicos. São Paulo: Cabral, 1999.
3. SOARES, L. M. C. A., *et al. Manual do curso de atendimento avançado em emergência para enfermeiros.* São Paulo: Secretaria de Estado da Saúde, 1996.
4. LOPEZ, M. *Emergências médicas.* 5. ed. Rio de Janeiro: Guanabara Koogan, 1989.
5. POTTER, P. A.; PERRY, A. G. *Grande tratado de enfermagem prática:* clínica e prática hospitalar. 3. ed. São Paulo: Santos, 2001.
6. FORTES, J. I., *et al. Curso de especialização profissional de nível técnico em enfermagem.* Livro do aluno: urgência e emergência. 1. ed. São Paulo: FUNDAP, 2010.
7. DUGAS, B. W. *Enfermagem prática.* 4. ed. Rio de Janeiro: Guanabara Koogan, 1984.
8. BRUNNER, S. *Tratado de enfermagem médico-cirúrgica.* 5. ed. Rio de Janeiro: Guanabara Koogan, 1987.
9. RODRÍGUEZ, J. M. F. *Emergências.* Rio de Janeiro: McGraw-Hill, 2000.

9 Queimaduras

Para começar

Neste capítulo, você conhecerá as formas, a extensão e os tipos de queimaduras que podem ocorrer.

O objetivo deste capítulo é que, ao final, você saiba identificar e tratar de forma sistêmica e humanizada esses tipos de queimadura, bem como reconhecer a gravidade do grande queimado.

9.1 Conceitos básicos

Queimaduras são lesões do tecido cutâneo provocadas pela ação direta ou indireta de alta temperatura ou por radiação de algum agente externo (p. ex.: choque)[5,8].

São lesões frequentes nos acidentes e a quarta causa de morte por trauma. Mesmo não levando à morte, as queimaduras são formas agressivas ao ser humano, produzindo sofrimento físico e psicológico.

As lesões variam de acordo com a extensão e a profundidade da área lesada, o que determina também a sua gravidade.

O atendimento dos pacientes queimados, ou dos grandes queimados, deve ser realizado em centros especializados.

Para entender melhor como funcionam a pele e as queimaduras, é preciso fazer uma rápida revisão sobre a anatomia e a fisiologia da pele.

9.2 Anatomia e fisiologia da pele

A pele funciona como um tecido, considerado o maior órgão do corpo humano. É composta de duas camadas: a epiderme, mais externa, destituída de vasos sanguíneos e que funciona como uma barreira de proteção contra o meio ambiente - é constantemente renovada pela descamação das células - ; e a derme, mais interna, constituída de vasos sanguíneos, folículos, glândulas sebáceas e terminações nervosas.

Abaixo da pele, encontra-se o tecido subcutâneo, constituído por tecido fibroso, elástico e gorduroso. A pele reveste toda a superfície externa do corpo humano.

Suas principais funções são: barreira protetora contra qualquer tipo de agente e regulação da temperatura corporal e da sensibilidade.

9.3 Classificação

As queimaduras se classificam de acordo com a causa: profundidade, extensão, agente causador, localização e gravidade.

9.3.1 Quanto à profundidade

Classificam-se conforme a profundidade da lesão. Esse tipo de classificação direciona o atendimento pré-hospitalar que a vítima terá e também a continuidade de tratamento nos centros especializados.

Nesse sentido, as queimaduras estão subdivididas, conforme a Tabela 9.1 e a Figura 9.1, em 1º, 2º e 3º graus.

Tabela 9.1 - Classificação das queimaduras quanto à profundidade

1º grau	A lesão atinge a epiderme, apresenta vermelhidão e é acompanhada de dor.
2º grau	A lesão atinge a epiderme e a derme, apresenta vermelhidão e é acompanhada de dor e do aparecimento de bolhas.
3º grau	A lesão atinge todas as camadas da pele, chegando ao tecido subcutâneo. É a forma mais grave. As lesões se apresentam esbranquiçadas, secas e com aspecto carbonizado, acompanhadas de dor intensa.

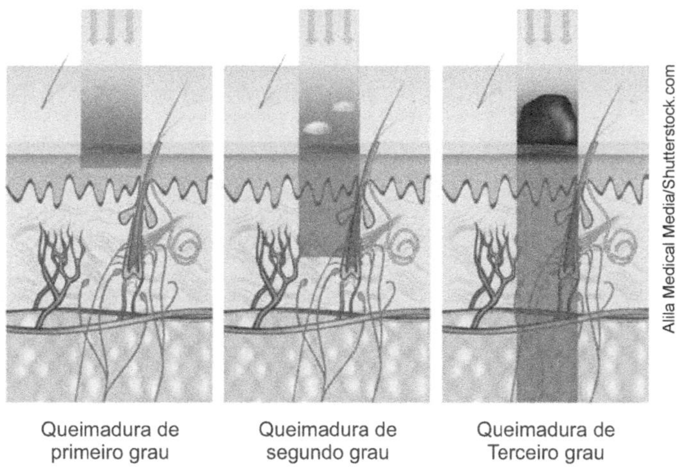

Figura 9.1 - Queimaduras.

9.3.2 Quanto à extensão

Trata-se da porcentagem da área da superfície corporal queimada, em que é a própria extensão da queimadura que determina a gravidade da lesão e a conduta a ser tomada.

Veja, na Figura 9.2, a extensão da área queimada. Conhecida como "regra dos noves", divide o corpo humano em áreas, cada uma delas equivalente a 9%. Com essa regra, podemos ter noção da extensão e da gravidade da área lesada. A gravidade da queimadura depende mais da extensão apresentada que da própria profundidade. Na "regra dos noves", o resultado obtido é aproximado, mas de grande importância para a continuidade do atendimento.

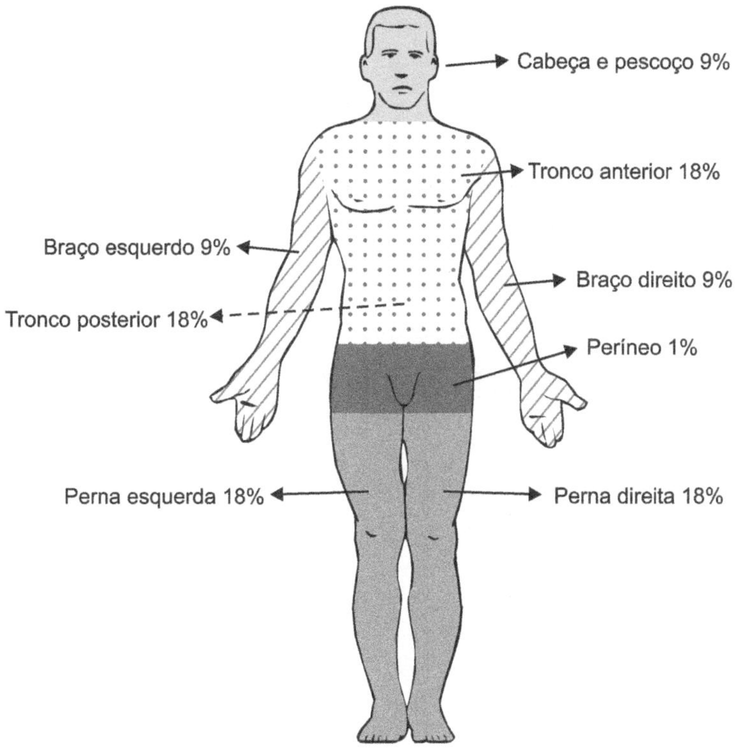

Figura 9.2 - Extensão da área queimada de acordo com a "regra dos noves".

O somatório das áreas no adulto atinge 100%: cabeça e pescoço (9%); tronco anterior (18%); tronco posterior (18%); braço direito (9%); braço esquerdo (9%); perna direita (18%); perna esquerda (18%); e região do períneo (1%).

O somatório das áreas da criança pequena deve também atingir 100%: cabeça (18%); cada membro inferior (13,5%); demais partes do corpo idem às do adulto.

Grande queimado

Podemos considerar um paciente portador de "grande queimado" nos seguintes casos:

- adultos > 55 anos, com 10% de área corporal lesada/queimada de acordo com a "regra dos noves";
- crianças < 10 anos, também com 10% de área corporal lesada/queimada de acordo com a "regra dos noves";

» demais faixas etárias, ou seja, entre 10 e 55 anos, apresentando 20% ou mais de área corporal lesada/queimada de acordo com a "regra dos noves".

Tabela 9.2 - Avaliação das queimaduras

Críticas	Moderadas	Leves
» Queimaduras de 1º grau em mais que 75% da superfície corpórea. » Queimaduras de 2º grau em mais que 25% da superfície corpórea. » Queimaduras de 3º grau em mais que 10% da superfície corpórea. » Queimaduras de 3º grau envolvendo face, mãos, pés, genitália. » Queimaduras acompanhadas de fraturas ou lesões de partes moles. » Queimaduras em idosos com patologias de base já existentes.	» Queimadura de 1º grau entre 50 e 75% da superfície corpórea. » Queimadura de 2º grau entre 15 e 25% da superfície corpórea. » Queimadura de 3º grau entre 2 e 10% da superfície corpórea.	» Queimadura de 1º grau menor que 50% da superfície corpórea. » Queimadura de 2º grau menor que 15% da superfície corpórea. » Queimadura de 3º grau menor que 2% da superfície corpórea.

9.3.3 Quanto ao agente causador

» Queimadura térmica: causada por líquido (água é o mais comum) em temperatura extremamente alta, fogo e vapor.

» Queimadura solar ou radiação: causada por radiação solar em excesso. Veja em seguida suas características.

» Queimadura elétrica: causada por fonte de energia elétrica, tanto de baixa como de alta tensão.

» Queimadura radioativa: causada por agente radioativo como césio e cobalto.

» Queimadura química: causada por ácidos e materiais do gênero.

9.3.4 Quanto à localização

» Áreas críticas: face, mãos e as que envolvam vias aéreas e genitais.

» Áreas semicríticas: todas as demais áreas corpóreas.

9.3.5 Quanto à gravidade

A gravidade da queimadura está diretamente ligada a todos os fatores estudados anteriormente: profundidade; extensão; envolvimento das áreas críticas; idade da vítima; presença de lesão pulmonar; presença de outras lesões associadas, como fraturas ou outros traumas; e doenças de base existentes.

9.4 Queimadura solar

Caracterizada pela exposição prolongada ao sol em horários críticos.

As queimaduras solares aparecem sem serem percebidas e podem causar graves danos ao indivíduo.

Sinais e sintomas

Pele hiperemiada (acompanhada ou não de bolhas), quente e seca, mal-estar geral, cefaleia, tontura, náuseas e vômitos, taquicardia, temperatura acima de 39 °C, perda de consciência e até desmaios.

Como proceder em caso de queimadura solar

- Manter o indivíduo deitado com os membros inferiores ligeiramente elevados, o que auxilia o retorno venoso.
- Manter o paciente em local fresco e arejado.
- Mantê-lo com pouca vestimenta.
- Controlar o pulso e a respiração.
- Dar bastante líquido para a vítima.
- Procurar socorro médico.

Fique de olho!

Essas orientações podem ser realizadas por qualquer indivíduo interessado em ajudar a vítima.

O que fazer antes da hospitalização nas demais queimaduras

- Afastar a vítima do agente causador.
- No caso de a vítima estar em chamas, envolvê-la em um cobertor, deixando a região da cabeça livre, evitando que se sufoque com a fumaça.
- Resfriar a área com água em abundância.
- Retirar as vestimentas que não aderiram à área queimada.
- Se estiver consciente, dar bastante água para beber, evitando desidratação rápida.
- Retirar acessórios, como anéis, pulseiras, relógios e outros.
- No caso de queimadura química ou ácida, lavar a área com água em abundância por mais ou menos 10 minutos.
- No caso de queimadura por pó químico, retirar primeiro o excesso e, depois, lavar com água em abundância, pois o excesso de pó em contato com a água pode aderir ao tecido subcutâneo.
- No caso de queimadura por choque elétrico, interromper a corrente desligando a chave geral. Não tentar puxar a vítima sem antes "cortar" a corrente, pois há possibilidade de ficar "preso" à vítima.
- Nas queimaduras por soda cáustica, tirar a substância com um tecido limpo e, em seguida, lavá-lo, pois o contato da soda com água provoca reação química com aumento de calor.
- Providenciar transferência da vítima para um posto médico ou hospital mais próximo.

Considerações gerais

- Não dar líquidos para a vítima ingerir caso esteja inconsciente.
- Não ultrapassar o tempo de 10 minutos lavando a área queimada, pois pode provocar hipotermia.

» Se houver "bolhas", não perfurá-las, pois o risco de infecção pode aumentar.

» Não aplicar nenhum tipo de loção, creme, infusão caseira, pasta de dente, pó de café ou produto gorduroso (p. ex.: graxa e óleo), pois isso somente complica e interfere no tratamento.

» Não remover roupas ou acessórios que aderiram ao tecido cutâneo lesado.

» Não tentar puxar a vítima que está sob descarga elétrica. Desligar a chave geral primeiro.

Assistência de enfermagem na hospitalização

» Manter o paciente em maca própria.

» Instalar oxigênio, se necessário, sob cateter nasal, até 3 L/minuto, ou sob máscara.

» Verificar sinais vitais e instalar oxímetro de pulso.

» Lavar as áreas queimadas com soro fisiológico a 0,9% e mantê-las cobertas com gaze ou compressa úmida.

» Retirar as vestimentas que estejam aderidas, com orientação médica, pois, às vezes, é necessária a administração de analgésicos anteriormente.

» Puncionar acesso venoso de grosso calibre, colher amostras de sangue e manter a hidratação conforme orientação médica.

» Fazer uma análise da extensão queimada.

» Sondar o paciente, se houver necessidade, para controle do débito urinário.

» Manter o material de entubação em local de fácil acesso, assim como o respirador.

» Dar continuidade ao plano de cuidados traçado pela(o) enfermeira(o) responsável e pela equipe atuante.

» Providenciar transferência do paciente da sala de emergência para outro local predeterminado.

Fique de olho!

O curativo do queimado deve ser feito diariamente, com técnica asséptica.

O tratamento do grande queimado requer cuidados específicos, elaborados por enfermeiro e médico, em local específico para tratamento de queimados.

As queimaduras não tratadas adequadamente levam ao estado de choque.

Atendimento pré-hospitalar para vítimas de queimados

» Colher informação com a pessoa que deu o primeiro atendimento à vítima.

» Identificar-se, bem como sua equipe de atendimento, para tranquilizar a vítima.

» De acordo com o tipo de acidente, manter a segurança de toda a equipe e da própria vítima.

» Fazer uma rápida avaliação do local do acidente e das condições da vítima.

» Interromper o processo de queimadura:

› extinguir chamas sobre a vítima;

- remover a vítima do ambiente;
- remover as roupas que não estão aderidas ao corpo;
- resfriar a lesão com soro fisiológico.

» Dar sequência à manobra ABCD das vítimas queimadas:

- Passo A: avaliar queimaduras que envolvam vias aéreas, queimaduras faciais, de sobrancelhas e narinas, fuligem na orofaringe, faringe avermelhada e com edema.
- Passo B: avaliar se houve inalação da fumaça e intoxicação por monóxido de carbono, podendo haver náusea, cefaleia e confusão mental.
- Passo C: avaliar se é um grande queimado e observar sinais de choque.
- Passo D: avaliar nível de consciência.
- Passo E: proceder ao curativo.

» Verificar sinais vitais.

» Transportar a vítima para a ambulância em condições próprias e seguras.

» Na ambulância, monitorar a vítima, instalar oxímetro de pulso e administrar oxigênio sob orientação médica, até 15 L/minuto.

» Diminuir a dor com analgesia.

» Evitar perda de calor.

» Transportar a vítima preferencialmente para um hospital de retaguarda para queimados.

Orientações quanto ao curativo

» O curativo inicial ajuda a diminuir a dor.

» Nas queimaduras de pequena extensão, devem ser utilizados curativos úmidos e frios, com soro fisiológico, o que também evita a contaminação da lesão.

» Nas queimaduras extensas, esse mesmo curativo não deve ser usado, pois pode causar hipotermia, já que a pele perde sua capacidade de proteção da temperatura corporal. O indicado é cobrir a vítima com lençóis limpos e secos.

» No caso de queimadura associada a hemorragia, usar curativos compressivos no local da lesão com a intenção de parar a hemorragia.

» Qualquer que seja o tipo de curativo, deve ser espesso e firme.

Vamos recapitular?

Neste capítulo, você estudou as queimaduras, suas características e suas formas de tratamento, assim como o atendimento às urgências ao grande queimado.

No próximo capítulo, você aprenderá sobre os acidentes de trânsito e os politraumatismos.

Agora é com você!

1) Faça uma pesquisa sobre os principais analgésicos e ansiolíticos preconizados nos curativos de queimados, suas doses e seus efeitos. Apresente-a ao professor.

2) Faça um levantamento nos hospitais da sua cidade, veja qual deles está adaptado para atender queimados e aponte a incidência desse tratamento.

3) Pesquise mais sobre a extensão das queimaduras e a "regra dos noves" e faça uma apresentação sobre esse assunto e sua gravidade.

4) Quanto à profundidade, como estão classificadas as queimaduras?

5) Cite três considerações gerais sobre os cuidados que devemos aplicar nas vítimas com queimadura.

6) Mencione três cuidados no atendimento pré-hospitalar às vítimas de queimadura.

9.5 Referências bibliográficas

1. RIZZO, A. *et al. Plantão médico:* urgência e emergência. São Paulo: EBS, 1998.
2. SOUZA, L. V.; BARBOSA, M. L. J. *Primeiros socorros:* princípios básicos. São Paulo: Cabral, 1999.
3. SOARES, L. M. C. A. *et al. Manual do curso de atendimento avançado em emergência para enfermeiros.* São Paulo: Secretaria de Estado da Saúde, 1996.
4. LOPEZ, M. *Emergências médicas.* 5. ed. Rio de Janeiro: Guanabara Koogan, 1989.
5. POTTER, P. A.; PERRY, A. G. *Grande tratado de enfermagem prática:* clínica e prática hospitalar. 3. ed. São Paulo: Santos, 2001.
6. HOOD, G. H.; DINCHER, J. R. *Fundamentos e prática de enfermagem:* atendimento completo ao paciente. 8. ed. Porto Alegre: Artes Médicas, 1995.
7. DUGAS, B. W. *Enfermagem prática.* 4. ed. Rio de Janeiro: Guanabara Koogan, 1984.
8. BRUNNER, S. *Tratado de enfermagem médico-cirúrgica.* 5. ed. Rio de Janeiro: Guanabara Koogan, 1987.
9. RODRÍGUEZ, J. M. F. *Emergências.* Rio de Janeiro: McGraw-Hill, 2000.
10. FORTES, J. I. *et al. Curso de especialização profissional de nível técnico em enfermagem.* Livro do aluno: urgência e emergência. São Paulo: Fundap, 2010.

10

Acidentes de Trânsito e Politraumatismo

Para começar

Os acidentes de trânsito são um grave problema de saúde pública universal, tanto em países desenvolvidos como subdesenvolvidos, estando entre as primeiras causas de morte em quase todos os países do mundo. No Brasil, assumem grande relevância, especialmente pela alta morbidade e mortalidade e pela predominância em populações jovens, entre as idades de 19 e 35 anos.

Geralmente, as vítimas apresentam um quadro clínico complexo e crítico, necessitando de uma equipe de saúde preparada para o socorro imediato, que identifique o perfil de cada vítima envolvida.

O objetivo deste capítulo é que você, aluno, identifique as vítimas de acidente de trânsito e politraumatismos e atue dentro das diretrizes preconizadas para tal atendimento.

10.1 Conceitos básicos

Os acidentes de trânsito são as principais causas de vítimas com diagnóstico de politraumatismo[1].

Todo acidente do qual participa um indivíduo, uma via de acesso (rua, avenida) e uma forma de condução (carro, moto, bicicleta e outros) é considerado acidente de trânsito. Encaixam-se nessas condições os acidentes automobilísticos e ciclísticos e os atropelamentos.

É importante que as pessoas tenham uma noção de atendimento de urgência para que possam auxiliar no atendimento dessas vítimas. Infelizmente, um grande número de vítimas morre no local em virtude das lesões fatais, e outra parte acaba morrendo horas depois do acidente, muitas vezes por atendimento inadequado de quem faz o socorro.

É muito difícil avaliar o trauma sofrido em acidentes de trânsito, mas o mais importante é estar seguro das suas atividades, não se envolver com os "curiosos" no local e nem realizar manobras e/ou procedimentos que não esteja apto a fazer, isto é, que não sejam de sua competência.

Veja no decorrer do capítulo o que é possível fazer para auxiliar essas vítimas.

10.2 Politraumatismo

Nome que se dá ao conjunto de lesões sofrido por um indivíduo em determinado acidente. As lesões podem ser múltiplas, acometendo órgãos internos, como vísceras, ossos e musculaturas, levando a vítima a um prognóstico ruim e até à morte, se não for atendida imediatamente[1-3].

O que fazer no local

- Sinalizar o local, para evitar novos acidentes, com "triângulos" próprios, troncos ou galhos de árvores etc.
- Chamar o socorro médico.
- Verificar e analisar as condições em que se encontra a vítima. Se houve mais de uma vítima, fazer uma rápida análise e priorizar quem precisa de atendimento mais urgente.
- Tentar afastar os curiosos, mas pedir ajuda a alguns deles e mantê-los em seu comando. É importante que haja apenas uma voz de comando.
- Atender a vítima de acordo com a gravidade das lesões e as condições gerais dela. Uma vítima que apresenta sangramento, às vezes, não é considerada tão grave quanto uma que não tem lesão aparente, mas pode ter algum trauma fechado, que acaba sendo mais importante que o sangramento, que por vezes é somente superficial.

Fique de olho!

A terceira e a quinta orientações anteriores devem ser realizadas por pessoal da área de enfermagem ou com conhecimento de atendimento pré-hospitalar. Não é aconselhável que leigos se envolvam em socorro de vítimas politraumatizadas sem nenhum conhecimento.

Atendimento pré-hospitalar

- Colher as informações de quem socorreu primeiro a vítima e fazer uma rápida avaliação do caso.
- Identificar-se (bem como sua equipe de atendimento) e conversar com a vítima, o que a tranquilizará. Com isso, o atendimento torna-se mais eficiente.
- Fazer a avaliação primária da vítima.
- Avaliar a parte respiratória e, concomitantemente, o nível de consciência.
- Manter as vias aéreas livres.
- Verificar sinais vitais.
- Avaliar lesões e seus tipos.
- Imobilizar a vítima de maneira própria para seu ferimento e de modo seguro.

- As vítimas conscientes podem responder e localizar onde há lesão ou onde estão feridas. Partindo daí, mantê-las afastadas do local em que houve o acidente e deitadas em decúbito dorsal.
- As vítimas inconscientes devem ser também afastadas do local e mantidas deitadas, preferencialmente lateralizadas, evitando aspiração, se houver vômito, e após descarte de trauma de coluna.
- Tomar cuidado ao remover a vítima do local. Já vimos no Capítulo 6 que é preciso tracionar a coluna cervical a fim de evitar danos maiores.
- No caso de vítimas inconscientes e idosas, verificar se fazem uso de próteses e retirá-las rapidamente, evitando o risco de sufocamento ou engasgamento; o mesmo no caso de crianças que usam aparelhos ortodônticos.
- Se necessário e houver certeza de que a vítima se encontra em parada respiratória ou cardiorrespiratória, proceder à ressuscitação cardiopulmonar (RCP). Consultar o Capítulo 5 para verificar os passos necessários para realizar uma manobra desse tipo.
- Verificar se há hemorragia. Em caso positivo, fazer uma rápida análise, já estudada no Capítulo 5. Manter o membro elevado e pressionado por alguns minutos. Seguir as orientações anteriores.
- Verificar se há fraturas e fazer o atendimento de acordo com a orientação anterior.
- Transportar a vítima para a ambulância em local próprio e dar sequência ao atendimento de acordo com orientações médicas.
- Na ambulância, monitorar a vítima, instalar oxímetro de pulso e administrar oxigênio até 12 L/minuto, de acordo com a conduta médica.
- Toda a orientação específica dos capítulos anteriores é válida para o politraumatizado.
- Transportar a vítima rapidamente a um hospital de suporte.

Fique de olho!

Para atender uma vítima politraumatizada, é importante entender as condutas em "o que fazer" abordadas nos capítulos anteriores. Trata-se de uma sequência de atendimentos que antecede o atendimento do politraumatizado. Não é conveniente atender uma vítima apenas com as orientações deste capítulo, pois é uma consequência dos anteriores.

Aguardar o socorro médico juntamente com a vítima.

Assistência de enfermagem na hospitalização

- Manter o paciente em maca própria. Em caso de transferência de maca, removê-lo "em bloco".
- Manter as vias aéreas livres e, se necessário, instalar oxigênio sob máscara com até 10 L/minuto.
- Fazer uma rápida análise do quadro do paciente.
- Verificar sinais vitais, monitorar e instalar oxímetro de pulso.
- Retirar vestimentas e analisar melhor toda a área exposta.
- Puncionar acesso venoso de grosso calibre, colher sangue para amostra de banco de sangue e laboratórios e manter hidratação conforme a orientação médica.
- Manter material de entubação em local de fácil acesso, assim como respirador, materiais para traqueostomia, lavado gástrico, sondagens e outros procedimentos específicos.

» Limpar os ferimentos com soro fisiológico a 0,9%.

» Dar continuidade ao plano de cuidados traçado pela(o) enfermeira(o) responsável pela sala de emergência e pela equipe atuante.

» Transferir o paciente para o local predeterminado.

Fique de olho!

A assistência de enfermagem na hospitalização dependerá das condições da vítima. As equipes já devem estar prontas para o atendimento, pois há uma comunicação prévia sobre o acidente. O atendimento é feito de forma sistêmica e a maioria dos hospitais já trabalha com protocolos de atendimento de vítima de acidentes de trânsito ou politraumatismo.

10.3 Acidentes com várias vítimas

O acidente com várias vítimas é um grande desafio para qualquer serviço de atendimento de urgência e APH. As equipes de atendimento devem estar sempre preparadas para atender mais de uma vítima, independentemente do estado em que se encontrem ou das circunstâncias do acidente. Os hospitais também devem estar preparados e treinados para tal atendimento. Como podemos perceber, existe continuidade, complexidade e cumplicidade das equipes de atendimento, visando melhores condições ao acidentado.

O conceito de melhor esforço, ou o melhor atendimento para a vítima mais grave, dá lugar ao conceito de melhor atendimento para o maior número possível de vítimas, no momento em que mais precisam e no menor tempo possível.

Para que esse conceito tenha sucesso e seja eficaz, três princípios básicos são fundamentais e devem ser seguidos:

1) triagem;
2) tratamento;
3) transporte.

Para que esses princípios sejam atendidos, é necessário que outros três princípios estejam presentes:

1) comando;
2) comunicação;
3) controle.

Para que todos esses princípios sejam eficazes, o atendimento seja bem-sucedido e as vítimas sejam encaminhadas para hospitais de suporte o mais rápido possível, é preciso que haja:

» um "comandante" da área local, junto a um posto de comando;

» um coordenador médico;

» um coordenador operacional;

» um coordenador enfermeiro;

» comunicação entre todas as equipes e com a central;

» controle total do local do acidente e das vítimas: quantidade e estado de todas;

» proteção e segurança aos membros da equipe e às vítimas.

10.3.1 Triagem

Consiste em uma avaliação rápida e segura das condições clínicas das vítimas, estabelecendo prioridades de tratamento. Na triagem, todas as vítimas são atendidas de acordo com o grau de prioridade que cada uma recebe, empregando-se o critério do melhor atendimento para o maior número de vítimas.

Deve ser realizada quando os recursos de pessoal e material forem insuficientes diante de um acidente que envolve várias vítimas. Ela precisa ser dinâmica e repetida, pois as vítimas evoluem para estado pior ou melhor. A ação deve ser simples e rápida, não ultrapassando um tempo de 60 a 90 segundos em cada vítima.

Cabe à primeira equipe que chegar ao local do acidente isolar a área e iniciar a triagem preliminar, enquanto um membro da equipe pede auxílio, visando salvar o maior número de vítimas de óbito iminente.

Com a chegada de uma equipe com médico ao local, o socorrista ou o pessoal do corpo de bombeiros ou da polícia militar deve repassar um breve histórico do atendimento, e o médico automaticamente assumirá o "posto" da coordenação médica do local, dando continuidade à triagem e organizando as demais ações dos grupos existentes no local.

Geralmente, a tática de triagem adotada pelas equipes de atendimento pré-hospitalar e emergência segue a técnica denominada START (Simples Triagem e Rápido Tratamento). Trata-se de um método simples, baseado na avaliação da respiração, da circulação e do nível de consciência, dividindo as vítimas em quatro prioridades por meio de cartões coloridos para sua identificação.

Esse grau de prioridade deve obedecer à seguinte ordem:

1) Cartão vermelho: identifica as vítimas que apresentam riscos imediatos de vida, respiração após manobras de abertura de vias aéreas ou respiração maior que 30 mrpm (movimentos respiratórios por minuto), que necessitam de tratamento médico antes de serem transportadas ao hospital ou de cirurgia. Outros exemplos: estado de choque, amputações, hemorragias, queimadura em face, insuficiência respiratória, pneumotórax.

2) Cartão amarelo: destinado às vítimas que não apresentam risco de vida imediato, mas necessitam de atendimento médico no local. Exemplos: fraturas, trauma cranioencefálico (TCE) leve ou moderado, queimaduras menores, trauma abdominal ou torácico e ferimentos que necessitam de suturas.

3) Cartão verde: destinado às vítimas que têm capacidade para andar, não necessitam de médicos ou transporte imediato para o hospital e possuem lesões sem risco de vida. Exemplos: contusões, hematomas, pequenos ferimentos. Essas vítimas são as que mais dão trabalho para as equipes de atendimento, por não entenderem que seu estado não é grave e, nesse sentido, receberem uma atenção menor que as outras vítimas.

4) Cartão preto: para identificar vítimas que, mesmo depois das manobras de ressuscitação, não respondem ou entram em óbito.

Fique de olho!

É comum em acidentes, qualquer que seja a causa ou o número de vítimas, a aglomeração de um número grande de pessoas no local, as quais chamamos de "curiosos". Essas pessoas muitas vezes tendem a conturbar o trabalho das equipes. Ao constatar um acidente, evite fazer parte desse grupo de pessoas. Se tiver controle emocional, segurança e noções de atendimento de urgência, ajude a equipe; caso contrário, se não sentir segurança em atuar, não participe, apenas fique de longe observando.

Vamos recapitular?

Neste capítulo, você pôde compreender a gravidade dos acidentes de trânsito e toda a cinemática que envolve um politraumatizado. Aprendeu também como atuar em acidentes com várias vítimas ao mesmo tempo.

No próximo capítulo, estudará "outros acidentes".

Agora é com você!

1) Pesquise mais sobre o código de triagem conhecido mundialmente e apresente suas considerações à classe.
2) Pesquise em seu município a incidência desse tipo de acidente no último ano e veja como se deu o desfecho das principais vítimas. Para facilitar, faça um grupo de estudo.
3) O que é politraumatismo? Cite três atendimentos pré-hospitalares para essas vítimas.
4) Para qual tipo de vítima é destinado o cartão vermelho do APH?
5) Qual o sistema feito para distribuição do atendimento às vítimas?
6) Cite três atendimentos de enfermagem na hospitalização das vítimas.

10.4 Referências bibliográficas

1. RIZZO, A. *et al. Plantão médico:* urgência e emergência. São Paulo: EBS, 1998.
2. SOUZA, L. V.; BARBOSA, M. L. J. *Primeiros socorros:* princípios básicos. São Paulo: Cabral, 1999.
3. SOARES, L. M. C. A. *et al. Manual do curso de atendimento avançado em emergência para enfermeiros.* São Paulo: Secretaria de Estado da Saúde, 1996.
4. LOPEZ, M. *Emergências médicas.* 5. ed. Rio de Janeiro: Guanabara Koogan, 1989.
5. POTTER, P. A.; PERRY, A. G. *Grande tratado de enfermagem prática:* clínica e prática hospitalar. 3. ed. São Paulo: Santos, 2001.
6. HOOD, G. H.; DINCHER, J. R. *Fundamentos e prática de enfermagem:* atendimento completo ao paciente. 8. ed. Porto Alegre: Artes Médicas, 1995.
7. DUGAS, B. W. *Enfermagem prática.* 4. ed. Rio de Janeiro: Guanabara Koogan, 1984.
8. BRUNNER, S. *Tratado de enfermagem médico-cirúrgica.* 5. ed. Rio de Janeiro: Guanabara Koogan, 1987.
9. FORTES, J. I. *et al. Curso de especialização profissional de nível técnico em enfermagem.* Livro do aluno: urgência e emergência. São Paulo: Fundap, 2010.

11

Outros Acidentes

Para começar

Os acidentes residenciais também são causas comuns de urgências e emergências e, como os acidentes de trânsito, também provocam morte ou deixam sequelas graves se não atendidos adequadamente e a tempo. As vítimas mais comuns desses acidentes são as crianças e os idosos.

Neste capítulo, você conhecerá alguns desses acidentes, com ênfase no afogamento e nas mordeduras por cães, sendo esses considerados os de maior incidência.

O objetivo deste capítulo é que você reconheça algumas possibilidades de acidentes, muitas vezes corriqueiros, residenciais e que podem ser evitados, e atue de forma eficaz no atendimento dessas vítimas.

Vamos aos estudos!

11.1 Conceitos básicos dos acidentes mais comuns

» Queda: queda da própria altura ou de locais com até dois metros de altura, como muros e cercas. Ocorre frequentemente com crianças e idosos. A criança, pelo estado de energia e curiosidade que tem em certa fase da vida, e o idoso, pela fragilidade óssea atingida ao longo da idade. As quedas podem ou não deixar sequelas ou ter consequências.

» Afogamento: caracterizado pela obstrução das vias aéreas por uma quantidade excessiva de líquido ingerido. Ocorre frequentemente com jovens e crianças. Veja ainda neste capítulo as causas, as formas e o atendimento emergencial para as vítimas de afogamento.

» Esmagamento: pode ocorrer o esmagamento de um membro, ou parte dele, por queda de grandes objetos (como tanques soltos, muros) ou prensamento em máquinas. Os esmagamentos podem ser fatais para determinados membros, podendo ocorrer laceração ou amputação total ou parcial. Ocorre frequentemente com crianças que sobem em tanques ou muros que não estejam bem fixos e com adultos que trabalham com máquinas que possuem serra elétrica, tornos, guilhotina.

» Asfixia ou sufocamento: é a obstrução das vias aéreas, causada por alimentos que fazem falso trajeto, ou seja, entram na traqueia e não no esôfago. Pode acontecer com qualquer indivíduo, independentemente da idade. Nas crianças é mais comum por introdução de objetos que por alimentos.

» Choque elétrico: pode ser ocasionado por qualquer fonte de eletricidade em contato com o organismo. Comum principalmente com crianças ou adultos por descuido. Veja neste capítulo as causas, as formas e o atendimento emergencial para as vítimas de choque elétrico.

» Introdução de corpos estranhos em ouvido ou nariz: é a introdução de corpo estranho, como feijão, pecinhas pequenas de qualquer espécie, no nariz ou no ouvido. As crianças são as maiores vítimas.

» Desmaios: são as síncopes. O capítulo sobre urgência e emergência clínica trata do assunto.

» Ferimentos de pele: decorrentes de algum acidente causado anteriormente. Podem ocorrer em qualquer idade, com crianças, adultos ou idosos. Veja na Tabela 11.1 os tipos de ferimento, suas causas e características.

Tabela 11.1 - Tipos de ferimentos residenciais

Ferimento	Causa	Características
Puntiforme	Objetos pontiagudos, como estilete e agulhas	» Pouco sangramento » Dependendo da profundidade em que o objeto for introduzido, pode causar lesão de órgãos » Agride pouco a pele em virtude de sua elasticidade
Cortante	Objetos que possuem corte, como faca, navalha, lâmina de bisturi	» Sangramento moderado » O comprimento da lesão é maior que a profundidade
Perfurocortante	Objetos de ponta e afiados, como canivete, punhal, espada	» Sangramento abundante » Agride a pele por penetração e perfuração
Perfurocontundente	Objetos que perfuram e agem por ação de explosão, como arma de fogo	» Sangramento moderado, de acordo com a área lesada » Agride a pele e os tecidos, podendo também atingir ossos
Cortocontuso	Objetos cortantes que agem por ação de contusão, como machado, enxada, foice etc.	» Sangramento abundante » Lesão profunda » Pode gerar fraturas

11.2 Intoxicações ou envenenamentos

Causados por ingestão de alguma substância ou produto tóxico, que pode levar à morte. Podem ser intoxicações exógenas, quando o agente agressor vem de fora do organismo, ou seja, a vítima ingere a substância (p. ex.: álcool, drogas, medicamentos em excesso) e acaba se intoxicando, ou endógenas, quando o fígado não consegue desenvolver a sua função e compromete o rim, não havendo eliminação das toxinas - acontecem dentro do organismo por falha própria[1,6,8].

11.3 Mordedura de cão

Para a saúde pública, justifica-se a necessidade do controle de zoonoses ou doenças causadas por animais, considerando-se que o cão é o principal animal envolvido (em cerca de 85% dos acidentes)[9].

Por isso, o Ministério da Saúde criou, em 1973, o Programa de Profilaxia da Raiva, com ênfase na captura de cães errantes, na observação de animais agressores e na análise da sorologia desses animais para controlar a disseminação do vírus da raiva.

A mordedura pode trazer complicação, como a raiva ou o tétano, se não tratada adequadamente, e pode ocorrer com qualquer indivíduo. As crianças são mais suscetíveis por não terem medo do animal e se afeiçoarem a ele.

A vacinação anual dos animais é considerada um meio eficiente no controle da raiva canina e felina.

Nesses acidentes por mordedura de cães, as partes do corpo mais agredidas, em geral, são os membros inferiores e os superiores, seguidos da cabeça e do tronco; a face também costuma ser agredida, podendo haver mais de uma região atingida. Além dos traumas físicos, como ferimentos, infecções, mutilações e tétano, podem advir traumas psíquicos e outros riscos decorrentes de agressões por animais, inclusive óbitos. Por isso, torna-se imprescindível o controle de zoonoses a partir de um conjunto de medidas que visa à diminuição desses ataques.

11.4 Afogamentos

Aproximadamente 500 mil pessoas morrem no mundo, por ano, vítimas de afogamento. Nos Estados Unidos, essa é a terceira causa de morte para todas as idades. No Brasil, responde pela segunda causa de morte nas idades entre 5 e 14 anos e é a terceira causa de morte externa, independentemente da faixa etária[1].

Antecedentes patológicos, traumas, idade, sexo, ingestão de álcool, condição socioeconômica e falta de supervisão foram considerados os principais fatores de risco para essa ocorrência[1].

11.4.1 Mecanismo do afogamento

Vítimas de afogamento adquirem um comportamento de tentar sobreviver diante da ameaça sofrida, no caso, afundar - assim, silenciam tentando preservar a respiração ou se desesperam em gritos, ao mesmo tempo em que aumentam a atividade física dentro da água com o objetivo de se manter e/ou chegar à superfície da água.

A inspiração reflexa involuntária provoca a primeira entrada de água e, com isso, duas respostas podem ocorrer: tosse ou laringoespasmo. No segundo caso, resultará em hipóxia e, como consequência, o centro respiratório estimulado pelos níveis aumentados de dióxido de carbono (CO_2) permitirá o relaxamento da laringe, recurso de defesa para permitir a entrada do oxigênio e, com isso, entrará mais água.

A perda da consciência acontece alguns segundos depois e, na sequência, vêm a parada respiratória, a parada cardíaca e a morte, se a vítima não for socorrida a tempo.

11.4.2 Termos e conceitos

» Afogamento: aspiração de líquido não corporal por submersão ou imersão.

» Resgate: indivíduo resgatado da água em sinais de aspiração líquida.

» Óbito por afogamento: ocorre quando o socorrista não tem chances de iniciar a ressuscitação. É comprovado por um tempo de submersão maior que 1 hora ou sinais evidentes de morte há mais de 1 hora - rigidez cadavérica e decomposição.

11.4.3 Causas

» Primária: mais comum - não apresenta em seu mecanismo nenhum fator incidental ou patológico que possa ter desencadeado o acidente (p. ex.: o indivíduo que não sabe nadar).

» Secundária: quando ocorre em seu mecanismo algum fator incidental ou patológico que desencadeie o afogamento (p. ex.: nadador que cansa ou sente câibras, indivíduo cardiopata e que enfarta, indivíduo que faz uso de álcool antes de entrar na água, portador de epilepsia e que tem uma crise na água, mergulhos em água rasa e, em crianças, descuido dos adultos ou curiosidade).

11.4.4 Mecanismo das lesões

Nos acidentes por submersão, o fator principal é a hipóxia. O indivíduo entra em desespero, prende a respiração sem perceber e acaba aspirando uma certa quantidade de água, que, em contato com a laringe, provoca constrição das vias aéreas. Se a vítima não for salva de imediato, atinge seu limite e faz movimentos respiratórios involuntários, aspirando grande quantidade de água, que vai para os pulmões, complicando o seu quadro e podendo levá-la à morte. Outras lesões são hipotermia, vasoconstrição periférica, colapso circulatório e parada cardíaca.

Atendimento pré-hospitalar

» Retirar a vítima do local onde sofreu o afogamento, carregando em pé nos ombros (caso de adultos) ou deitada nos braços (caso de crianças).

» Colocá-la deitada, em posição dorsal.

- Avaliar a respiração. A prioridade do atendimento é recuperar a hipóxia.
- Inclinar a cabeça da vítima para trás na tentativa de abrir as vias aéreas.
- Caso esteja em parada respiratória, proceder à respiração boca a boca.
- Se ocorrer parada cardiorrespiratória, proceder à ressuscitação cardiorrespiratória. Consultar a técnica no Capítulo 5.
- Retirar as roupas molhadas da vítima e mantê-la aquecida.
- Colher informação com as pessoas no local para saber a história do afogamento.
- Quando a vítima estiver acordada, identificar-se e identificar sua equipe de atendimento para deixá-la tranquila.
- Fazer uma rápida avaliação do local do acidente e das condições da vítima.
- Transportar a vítima para a ambulância em condições seguras.
- Na ambulância, verificar sinais vitais, instalar monitor e oxímetro de pulso e administrar oxigênio de acordo com orientação médica.
- Transferir a vítima para um hospital de retaguarda.

Outras orientações importantes

- Não tentar ressuscitar a vítima dentro da água.
- Suspeitar de lesão em coluna cervical nas vítimas inconscientes por afogamento em águas rasas.
- Jogar para a vítima algum objeto em que ela possa se apoiar, como boias, tábuas e coletes.
- Ter à mão um "cabo" para remover a vítima.
- Somente prosseguir com o salvamento se souber nadar, for um bom nadador e estiver preparado para tal procedimento; caso contrário, marcar o local e buscar socorro.

11.5 Choque elétrico

Consideramos choque elétrico a passagem de uma corrente elétrica pelo corpo, utilizando-o como um condutor. Essa passagem de corrente pode causar apenas "um susto" ou queimaduras, fibrilação cardíaca ou até mesmo a morte.

11.5.1 Termos e conceitos

- Eletricidade: forma de energia que pode fluir entre dois pontos.
- Voltagem ou tensão: diferença de potencial elétrico entre dois pontos.
- Condutores: forma de condução da energia, como água, certos metais e seres vivos (sendo variável conforme o tecido).
- Circuito: caminho pelo qual a corrente elétrica flui pelos condutores.

» Isolante: material não condutor de energia, que interrompe o circuito (p. ex.: ar seco, madeira seca, plásticos). A terra tem sempre carga elétrica nula em relação a qualquer fonte de energia, por isso funciona como um receptor de corrente elétrica.

» Eletroplessão: termo técnico para designar a morte ocorrida em consequência de descarga elétrica acidental.

» Eletrocussão: termo técnico para designar o ato de matar alguém, intencionalmente, por meio de descarga elétrica.

11.5.2 Efeitos da corrente elétrica sobre o organismo

» Condutividade dos tecidos corporais: por exemplo, um indivíduo molhado está sujeito a um acidente mais grave porque a resistência do corpo diminui, permitindo uma corrente mais intensa.

» Intensidade da corrente: quanto maior a tensão, maior a corrente circulante.

» Circuito percorrido: se a corrente percorrer de um dedo a outro da mesma mão, a lesão se limita aos dedos; já no circuito que envolve a mão esquerda e o pé esquerdo, a passagem da corrente pode determinar fibrilação ventricular - lesão direta.

» Duração da corrente: quanto maior a duração, maior a lesão.

» Queimadura: ocorre carbonização da pele e dos tecidos pelas chamas das roupas da vítima.

» Parada cardiopulmonar: por lesão dos centros vitais.

» Lacerações e amputação: por lesão direta da descarga.

» Fraturas: por espasmos musculares severos, quedas e colisões.

11.5.3 Orientações para socorrer a vítima

» Não tocar na vítima antes que o circuito tenha sido interrompido.

» Se for em residência ou indústria, desligar a chave geral.

» Chamar a companhia de energia elétrica e o Corpo de Bombeiros.

» Se as vítimas estiverem dentro de veículo em contato com cabo de energia, oriente-as para permanecerem dentro do carro. Caso haja risco de explosão ou desabamento, oriente-as para saírem do carro sem estabelecerem contato com a terra.

» Aguarde o pessoal especializado chegar ao local do acidente ao lado da vítima.

Atendimento pré-hospitalar (APH)

» Garantir a segurança de todos os envolvidos no local.

» Fazer uma abordagem rápida do fato ocorrido, do local e das vítimas.

» Proceder à abordagem primária - avaliar vias aéreas livres, controle da coluna cervical, nível de consciência e circulação.

» Identificar-se e identificar sua equipe de atendimento.

» Se necessário, iniciar RCP.

» Proceder à abordagem secundária - avaliar lesões, providenciar curativos, imobilizar membros e verificar sinais vitais.

» Transportar a vítima para a ambulância.

» Na ambulância, monitorizar e instalar oxímetro de pulso e administrar oxigênio e medicamentos conforme orientação médica.

» Transportar a vítima para um hospital de retaguarda.

11.6 Orientações gerais que antecedem o atendimento hospitalar

11.6.1 Queda da própria altura

» Fazer uma rápida análise do que provocou a queda.

» Verificar se houve ferimentos graves e seguir as orientações dadas anteriormente.

» Procurar não movimentar a vítima, a não ser que não tenha ocorrido nada sério.

» Tomar cuidado especial com os idosos em virtude de sua fragilidade óssea.

» Lavar os ferimentos com água e sabão.

» Procurar orientação médica.

11.6.2 Asfixia

» Fazer uma rápida análise do que causou a asfixia.

» Se não conseguir retirar o que causou a asfixia, colocar a vítima em uma posição inclinada para abaixo do peito e tentar retirar o objeto com os dedos.

» Não havendo sucesso, fazer a manobra de Heimlich.

» Verificar o estado da vítima após a expulsão do objeto que causou a asfixia. Ela pode desmaiar e apresentar parada respiratória. Se isso ocorrer, fazer a respiração artificial.

» Procurar socorro médico.

11.6.3 Corpo estranho

» Tentar descobrir que tipo de objeto foi introduzido e em que local.

» Inspecionar o local. Se o objeto puder ser retirado manualmente, fazê-lo com cuidado.

» Não tentar retirar o objeto introduzido com outros objetos pontiagudos, pois a situação pode se complicar.

» Em caso de corpo estranho nos olhos, lavá-los com água em abundância.

» Procurar orientação e socorro médicos.

11.6.4 Intoxicações

» Verificar o que causou a intoxicação.

» Fazer uma rápida análise do que ocorreu e do estado da vítima.

» Se ocorreu intoxicação por algum tipo de gás ou há fumaça no local, retirar a vítima, analisar sua respiração, fazer respiração artificial (se necessário) e afrouxar suas roupas.

» Se ocorreu ingestão de alguma substância tóxica ou medicamento em excesso, procurar orientação médica.

» Somente provocar vômito quando o medicamento ingerido não for atuante no sistema nervoso central, quando produtos de limpeza não forem corrosivos e em caso de raticidas e inseticidas. Caso contrário, o vômito não é aconselhável.

11.6.5 Mordedura de cão

» Afastar o animal do local.

» Lavar a região do ferimento com água e sabão para remover a saliva.

» Avaliar o ferimento.

» Procurar orientação médica, mesmo no caso de o ferimento ser leve.

» Observar o cão e seu comportamento por 10 dias, pois, nesse período, pode desenvolver a raiva.

11.7 Prevenção

» Evitar acidentes residenciais depende muito das condições de moradia e do interesse que cada indivíduo tem por sua própria vida e de seus semelhantes.

» Os acidentes residenciais podem ocorrer a qualquer um, independentemente da idade, sendo as crianças e os idosos os mais suscetíveis, porém alguns cuidados são básicos e importantes para que sejam evitados.

» É preciso ter cuidados especiais com crianças que estão aprendendo a andar, ficando-se sempre atento a elas e não as deixando sozinhas.

» Proteger as escadas e as rampas com corrimão e piso antiderrapante.

» Orientar as crianças e os jovens para não nadarem em locais desconhecidos, e ficar atento às crianças em beira de piscina e mar.

» Não deixar espalhados pela casa objetos e brinquedos com peças pequenas.

» Encapar e proteger as tomadas e os fios descobertos.

» Não deixar medicamentos de qualquer tipo em local de acesso fácil a crianças ou a pessoas portadoras de deficiência mental, pois podem ingerir com facilidade.

» Não deixar crianças brincarem com animais desconhecidos, e, mesmo com os que são de casa, ter cuidado especial, pois a criança pode provocá-lo e o animal acaba se defendendo.

Fique de olho!

As orientações que antecedem o atendimento hospitalar podem ser realizadas por pessoal preparado, com conhecimento de atendimento de urgência, e até mesmo por leigos. Somente as manobras de reanimação e a avaliação da vítima não devem ser feitas por leigos, mesmo que demonstrem interesse.

Vamos recapitular?

Neste capítulo, você pôde conhecer outros acidentes que podem levar à morte se não tratados a tempo, bem como suas causas mais comuns e seus meios de prevenção.

Agora é com você!

1) Sabemos que a raiva é considerada uma doença de notificação compulsória. Por isso, os profissionais de saúde precisam ficar atentos tanto à prestação dos cuidados ao acidentado quanto ao encaminhamento correto dos trâmites de notificação do agravo. Faça um levantamento no seu município, veja as estatísticas desse tipo de acidente nos últimos dois anos e monte um programa para melhorar as ações existentes. Peça ajuda ao professor.

2) Pesquise sobre a incidência, os fatores de risco e os determinantes socioeconômicos do afogamento, por faixa etária, em seu município. Peça auxílio ao professor.

3) Faça uma pesquisa sobre morbimortalidade relacionada a causas externas, identificando natureza, faixa etária e sexo. Reflita sobre as causas e as medidas que possam contribuir para sua diminuição. Peça esclarecimentos ao professor.

4) Descreva os dois acidentes mais comuns.

5) Quais os tipos mais comuns de ferimentos residenciais? Escolha dois deles e dê suas características.

6) Cite três orientações importantes para vítimas de afogamento.

11.8 Referências bibliográficas

1. RIZZO, A. *et al. Plantão médico:* urgência e emergência. São Paulo: EBS, 1998.
2. SOUZA, L. V.; BARBOSA, M. L. J. *Primeiros socorros:* princípios básicos. São Paulo: Cabral, 1999.
3. SOARES, L. M. C. A. *et al. Manual do curso de atendimento avançado em emergência para enfermeiros.* São Paulo: Secretaria de Estado da Saúde, 1996.
4. LOPEZ, M. *Emergências médicas.* 5. ed. Rio de Janeiro: Guanabara Koogan, 1989.
5. POTTER, P. A.; PERRY, A. G. *Grande tratado de enfermagem prática:* clínica e prática hospitalar. 3. ed. São Paulo: Santos, 2001.
6. HOOD, G. H.; DINCHER, J. R. *Fundamentos e prática de enfermagem:* atendimento completo ao paciente. 8. ed. Porto Alegre: Artes Médicas, 1995.
7. DUGAS, B. W. *Enfermagem prática.* 4. ed. Rio de Janeiro: Guanabara Koogan, 1984.
8. BRUNNER, S. *Tratado de enfermagem médico-cirúrgica.* 5. ed. Rio de Janeiro: Guanabara Koogan, 1987.
9. FORTES, J. I. *et al. Curso de especialização profissional de nível técnico em enfermagem.* Livro do aluno: urgência e emergência. São Paulo: Fundap, 2010.